出乎預料！原來植物有祕密

了不起的植物圖鑑

監修 稻垣榮洋
圖 下間文惠
著 石井英男
譯 林冠汾

一再演變後，擁有了現在的模樣！

晨星出版

我們的生活周遭處處
可見植物的蹤影。
森林裡的樹叢、
空地上的小花、
公園花壇裡綻放的花朵、
庭院和陽台上的盆栽、
馬路旁的路樹……全都是植物。
就連柏油路的裂縫裡，
也會冒出許多不同的植物。
可是，我們真的了解植物嗎？

魯冰花是一種小花，
長著一串串的美麗花卉。
當昆蟲飛來採花蜜，身上沾到花粉時，
魯冰花的花朵就會變成藍色。
但為什麼會變色呢？

側金盞花是一種被蟲咬時，
就會趕走昆蟲的植物。
可是，植物明明不會動，
是怎麼趕走昆蟲的呢？

馬鈴薯的外表坑坑洞洞的。
這些外表上的凹洞會發芽，
並且呈現螺旋狀的排列方式。
為什麼會呈現螺旋狀呢？

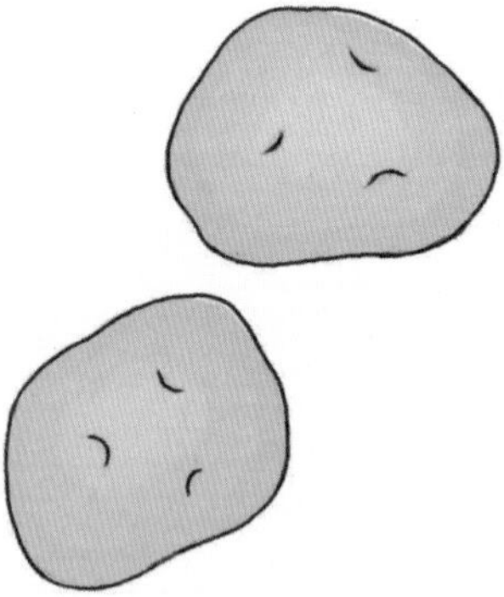

堇菜是一種開著可愛紫色花朵的植物。
它可以讓種子散播到
連風兒也吹不到的遙遠地方。
為什麼能夠散播得那麼遠呢？

一般來說，植物屬於會被動物吃掉的存在。
不過，圓葉茅膏菜會捕捉
停留在葉子上的昆蟲來吃。
圓葉茅膏菜是怎麼捕捉昆蟲的呢？

野葛是一種可以用來製作
美味和菓子的植物。
不過，在國外，
野葛卻是會讓人害怕的「綠色怪物」。
為什麼野葛會那麼讓人害怕呢？

本書將為大家解謎，
告訴大家這些近在身邊的植物為什麼如此奇妙。
即使是十分熟悉的植物，
只要知道了它們的「驚人祕密」，
平常看慣了的植物也會變得很不一樣。

呵～
呵
呵
呵

書中角色介紹

塔斯馬尼亞袋熊「太郎」，想成爲了不起的植物探險家。植物是太郎最愛吃的食物，牠很努力調查有沒有更多植物可以當成食物來吃。太郎的性格溫吞，不太喜歡說話。是個夜行性動物，所以喜歡陰天，但其實白天時間牠更想一直睡覺。看見老鷹就頭痛。

一起來瞧瞧各種不同的植物吧，啾啾～
……大家好。

雞尾鸚鵡「小P」。小P是太郎在探險途中結識的好夥伴，聽說牠是和同伴們走散了。

太郎會把發現到的植物記錄在筆記本上。

樹老師。太郎家旁邊的大樹，會告訴太郎很多關於植物的知識。

太郎的家

出乎預料！原來植物有祕密！
了不起的植物圖鑑

第1章 擁有驚人機制的植物……17

第2章

擁有銅牆鐵壁般防禦力的植物

第3章 擁有奇特長相的植物

第4章 把動物吃下肚的植物

第5章 巧妙利用動物的植物

第6章 不斷繁殖的植物……129

番外篇

※本書內容包含了部分菌菇的說明，但菌菇並非植物而是屬於菌類。

準備出發去探險吧！

好期待喔，不知道會遇到什麼植物？啾啾～
探險背包裡裝了什麼？
太郎的特殊放大鏡。
可以看清楚植物，
還可以和植物溝通。
修枝剪。
用來剪可以
帶回家的植物。
鏟子
手電筒
塑膠袋
用來記錄的
筆記本和鉛筆
瓦楞紙板。
用來夾住植物，
以免花朵掉落。
紙膠帶。
用來固定植物，也
可以拿來做記錄。

樹老師的小提醒：人類朋友們，為了保護你們的肌膚，進入草叢或森林時，
記得要穿長袖長褲喔！

在這裡說明一下
本書裡會出現的重要詞語。

【植物用語講解】

一年生／二年生／多年生草本植物
一年生是指會在一年內枯萎的草本植物，二年生是指會在兩年內枯萎的草本植物，多年生是指可以生長多年也不會枯萎的草本植物。

營養莖
指進行光合作用來產生養分的莖。杉菜即是具代表性的營養莖。

越年生草本植物
指在秋天發芽、度冬後在隔年開花結果，最後在夏天枯萎的草本植物。也稱為越冬一年生草本植物。

雄蕊／雌蕊
雄蕊是負責產生花粉的器官，雌蕊是負責在授粉後培育種子的器官。

雄花／雌花
雄花是指只有雄蕊的花，而雌花是指只有雌蕊的花。

花軸
指只讓花朵著生的莖或枝。分枝並使花朵著生的莖稱為花柄。

外來植物／原生植物
外來植物是指人們從國外帶進國內後，任意在戶外繁殖生長的植物。原生植物是指從以前就在本地繁殖生長的植物。

寄生植物／宿主植物
寄生植物是指寄生於其他植物，進而吸取養分生長的植物。宿主植物是指被寄生的植物。

群生
指相同種類的植物集中在同一位置生長。

光合作用
指利用陽光的能量，把二氧化碳和水轉變成澱粉等養分和氧氣的反應。

雄雌異株
指雌花的株體和雄花的株體分別生長的植物。如果只有雌花或只有雄花，將會無法結果。

授粉
指雄蕊的花粉傳到雌蕊。授粉後可形成種子。

常綠樹／落葉樹
常綠樹是指一整年樹上都長著葉子的樹木。落葉樹是指葉子會全數凋落的樹木。

繁殖芽
含有養分的芽，主要形成於水生植物。環境條件良好時，就會發芽成長。

食蟲植物
指會捕捉昆蟲，並利用消化液分解昆蟲來吸收養分的植物。

蕊柱
指的是雄蕊與雌蕊結合生成的器官，頂端具有花粉塊。

腺毛
指的是長在植物表皮、會分泌特殊汁液的毛狀突起物。

多肉植物
指會在葉、莖或根的內部儲存水分的植物。仙人掌即是具代表性的多肉植物。

地下莖
指生在地底下的莖，地下莖不同於根，會發芽和長出葉子。

附生植物
指不會往地底下生根，而是讓根攀附在其他樹木或岩石上生長的植物。

苞片（苞）
指包住花蕾的變形葉子。花蕾綻開後，苞片會保留於支撐花朵的部位。

孢子莖
指會為了繁殖而彈射孢子的莖。筆頭菜即是具代表性的孢子莖。

捕蟲囊
狸藻屬等食蟲植物會用來捕捉昆蟲的袋狀部位。

匍匐莖
指會匍匐於地面生長、被利用來繁殖的莖。

葉綠素
葉綠素是一種綠色色素，可在進行光合作用時發揮吸收光能的作用。

落葉灌木／落葉喬木／常綠灌木／常綠喬木
指樹木的分類，高度低於 3 公尺稱為灌木，高於 3 公尺稱為喬木。落葉是指葉子會全數凋落的樹木，常綠是指樹上隨時長有葉子的樹木。

第1章

擁有驚人機制的植物

番茄好不容易得到水分時，就會欣喜地產生超音波

番茄屬於茄科的多年生草本植物（在日本為一年生草木植物，會在冬天枯萎），也是世界各地都會栽種的常見蔬菜。番茄的果實含有多種營養，當中屬於鮮味成分的麩醯胺酸的濃度特別高，經常被用來製作醬汁。

番茄莖部裡面有細小的氣泡，有時這些氣泡會因為水流而破裂，當氣泡破裂時，就會產生超音波。種植番茄時要少給一點水分，長出來的果實才會比較甜。番茄會因為得不到充足水分而感受到壓力，這時如果給予水分，將會產生更多超音波。也就是說，拉長脖

冷知識 如果採用水耕栽種方式（不使用土壤，而是利用水和液態肥料的栽種方式）細心栽培的話，一株番茄可結出兩萬顆以上的果實。

子等著水分的番茄在得到水分後，就會產生充滿喜悅的超音波。不過，當番茄因為水分太少而感受到壓力時，就會導致植株變得脆弱。

對番茄施加小小的壓力，
讓它「喝不到水」的話……
很好吃喔！
果實就會變甜

葫蘆科　複雜度 2

分布地 原產於南美洲，但現在於世界各地受到廣泛栽種。

大小 草高1.5m～15m

重點筆記 全世界一整年的番茄消費量超過1億2000萬噸以上，是蔬菜當中的世界冠軍。

噴瓜會

炸射汁液和種子

葫蘆科　複雜度 3

分布地　原產於地中海沿岸。

大小　草高30m～60m（蔓性：會依賴其他植物或物體作為支撐）

重點筆記　乾燥過的噴瓜會是強力的瀉藥。

冷知識　噴瓜猛烈噴射出來的汁液有可能會噴到眼睛，所以觸摸噴瓜會很危險。

噴瓜屬於葫蘆科的多年生草本植物，原產地為地中海沿岸，在大正時代（1912年～1926年）被引進日本。

雖然噴瓜是蔓性植物，但其藤蔓不會長得太長，都是匍匐於地面生長。

到了夏季時，噴瓜會開出淡黃色的花朵，授粉後就會結成長度約5公分的果實。噴瓜的果實形狀長得像橄欖球，表面長有硬毛。果實成熟後會轉為黃色，這時哪怕只是風兒輕輕一吹，果實只要受到刺激就會從莖部脫落，猛烈噴射出汁液和種子。噴瓜可以噴射到1～2公尺遠的距離，那驚人的噴射力道簡直「如同炸彈一般」，因此噴瓜又被稱為炸彈樹。

射出汁液和種子
含毒
噴瓜有毒，要小心喔，啾啾～
噴瓜的花朵

日本金縷梅可以讓種子彈到9公尺之外

金縷梅科

複雜度 2

分布地 日本本州、四國、九州的太平洋岸。

大小 樹高5m～6m

重點筆記 金縷梅和北美金縷梅都是日本金縷梅的同類植物。

冷知識 日本金縷梅的花朵不僅長得美，還會散發宜人的香味。

日本金縷梅屬於金縷梅科的落葉小喬木，自生於日本本州、四國以及九州的太平洋岸。日本金縷梅在2～3月的初春時期會開出如黃色彩帶聚成一團的花朵，到了秋天就會結成蛋狀的果實。

即使長在高山上，日本金縷梅也會在長出綠葉之前先綻放花朵，所以在日本被形容成「搶先開花」的植物。

日本金縷梅的果實完全成熟後，果實會爆裂開來，裡面的兩顆黑色種子也會跟著飛彈出去，並且可以遠遠彈到3～9公尺之外。雖然噴瓜的果實也會爆裂並彈出種子，但日本金縷梅的威力遠遠超過噴瓜。因為具有搶先一步告知春天到來的觀賞特性，所以日本金縷梅作為庭園樹木也深受歡迎。

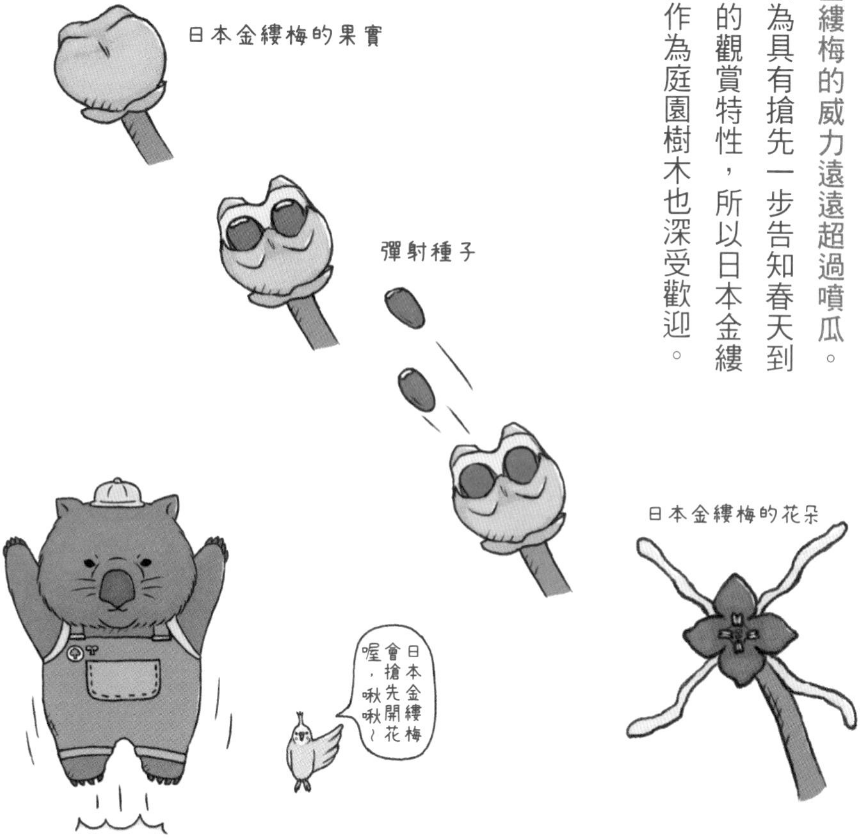

爬牆虎可以靠著吸盤往上緊貼攀爬

隨著成長會長出氣根。
氣根會朝向空中伸長，
攀附在樹木或牆壁上。

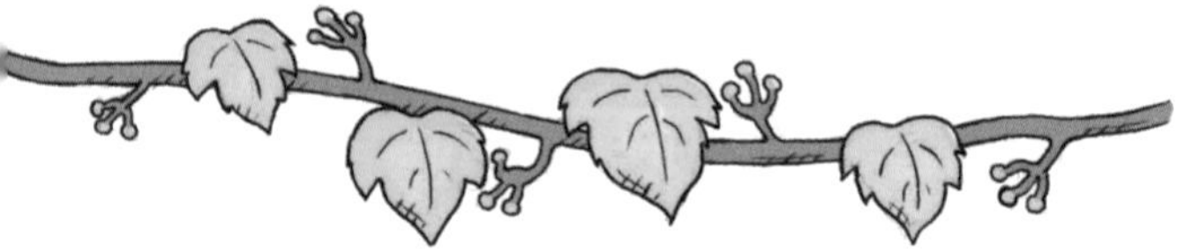

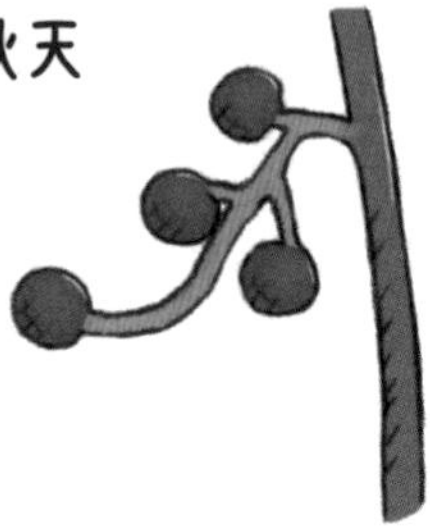
秋天
果實

爬牆虎屬於葡萄科的蔓性植物，會往外伸長覆蓋住房屋等建築物的壁面。哪怕是垂直的牆壁也難不倒爬牆虎，它會不斷往上攀爬蔓延。

爬牆虎之所以能夠擁有這般好功夫，祕密在於從莖部長出來的卷鬚。爬牆虎的卷鬚頂端有一顆圓滾滾的膨起物，形狀就像吸盤一樣。這個像吸盤的部位會分泌黏答答的黏液，然後像「蜘蛛人」一樣吸附在牆壁上。

吸盤的吸附力強大，必須花費很大的力氣才能夠拔除攀附在牆壁上的爬牆虎。爬牆虎也具有強大的繁殖能力，利用

冷知識　古時候會把爬牆虎的樹液熬煮成甘葛，作為糖漿來使用。

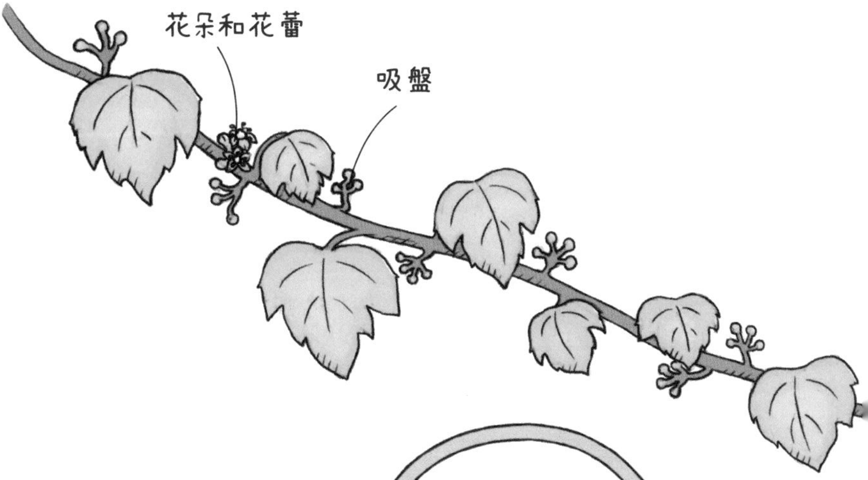
花朵和花蕾
吸盤

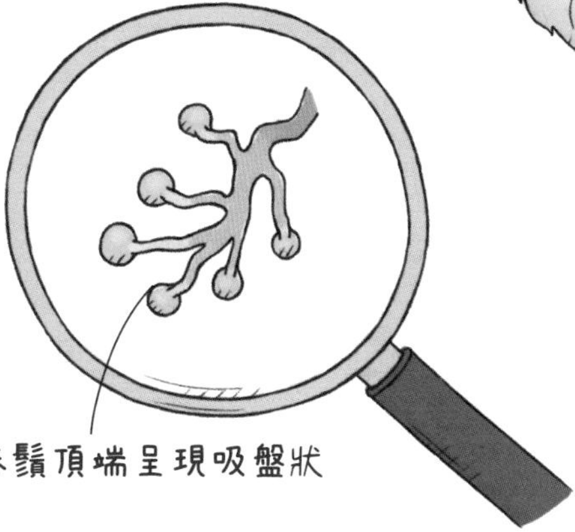
卷鬚頂端呈現吸盤狀

變成紅葉時
很漂亮喔，
啾啾～

爬牆虎來綠化房屋的壁面時，若沒有謹慎挑選種植位置，有可能會不斷往外蔓延，一發不可收拾。

葡萄科

複雜度 3

分布地 日本、中國、朝鮮。

大小 8m～30m（蔓性）

重點筆記 部分種類的爬牆虎到了秋天時會轉為紅葉，變成紅通通一片。

魯冰花可以讓花朵變色，來告訴昆蟲「花粉賣光了喔！」

魯冰花屬於豆科的一年生或多年生草本植物。因為魯冰花怕炎熱，所以生長在溫暖地區時，就會變成一年生草本植物。4月下旬到6月的期間，魯冰花會開出形狀像倒過來的紫藤花，有著無數小花串在一起的壯觀花穗。

魯冰花的花朵會因為種類不同而有各種不同顏色，像是紫色、粉紅色、白色等等。當初日本在明治時代（1868年～1911年）引進魯冰花是作為肥料使用，但現在已成為大家熟悉的觀賞植物。

魯冰花是一種靠蜜蜂等昆蟲來幫忙授粉的蟲媒花，飛來

冷知識　魯冰花的豆子會被作為黃豆的替代食品原料，提供給黃豆過敏的人食用。

採花蜜的昆蟲一旦身體沾上花粉後，魯冰花的花朵就會變成藍色。因此，昆蟲會分辨魯冰花的花朵顏色，去尋找還有花蜜和花粉的花朵，魯冰花的授粉效率自然也就會提高。

豆科

複雜度 2

分布地 原產於美國、非洲、地中海沿岸地區。

大小 草高50cm～180cm

重點筆記 因為魯冰花的形狀像倒過來的紫藤，所以在日本也會被稱為「昇藤」。

只要有人靠近，細葉碎米薺就會不分青紅皂白地彈射種子

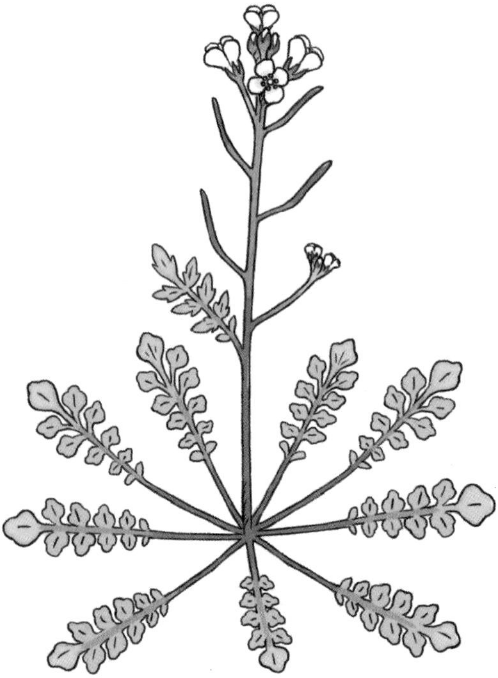

細葉碎米薺屬於十字花科的越年生草本植物，經常可以在農田等地方看見它的蹤影。3～5月之間，細葉碎米薺會開出白色小花。因為這段時間正好是必須把稻種泡水做好種田準備的時期，所以在日本，細葉碎米薺被稱為「種漬花」。

細葉碎米薺開花後，4～5月之間會結出細長果實。果實裡會有好幾十顆小小的種子，當果實成熟時，只要有一點點震動，果實就會爆裂開來，裡面的種子也會跟著飛彈出去。種子飛彈出去的模樣簡直就跟「拿槍瘋狂掃射」沒什

冷知識　日本少數民族的愛奴族*料理會把細葉碎米薺當成鮭魚料理的辛香料來使用。（*註：愛奴族爲居住在日本北部，尤其是北海道的少數民族。）

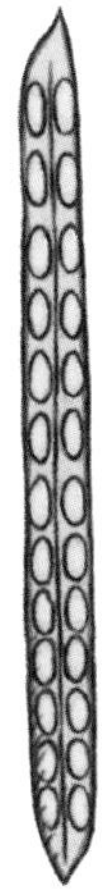

排成2列的種子

麼兩樣。繁殖能力強的細葉碎米薺就是靠這樣的方式散播種子，不斷擴散蔓延。

十字花科

複雜度 2

分布地 原產於日本、中國、印度等東亞地區。

大小 草高10cm～40cm

重點筆記 細葉碎米薺的嫩葉可以直接生吃或汆燙來吃。

聽音樂的葡萄會變好吃

葡萄科

複雜度 1

分布地 原產於美國南部、東亞東南部、裏海沿岸地區，但現在於世界各地受到廣泛栽種。

大小 樹高3m以上（蔓性）

重點筆記 葡萄所含的葡萄糖可以迅速轉換為能量，有助於消除疲勞。

冷知識 越靠近藤蔓的葡萄越甜，如果從離藤蔓較遠的下方開始吃葡萄，就能夠享受香甜滋味到最後一口。

葡萄屬於葡萄科的蔓性落葉灌木。葡萄的果實香甜且營養滿分，所以從古代就一直被大規模栽種。人們消費大量的葡萄，不只有直接生吃，也會用作果汁和葡萄酒的原料。

近來，有研究結果發現一邊聽音樂、一邊生長的葡萄，會比沒有聽音樂的葡萄更快成熟，果實也更具香氣和營養。當然了，這不是因為聽了音樂後，葡萄會開心地手舞足蹈起來。據說是因為音樂所發出的低頻率（100Hz～500Hz），能夠對根部的成長帶來良好的影響。

z z z
氣味和顏色會變好，
多酚的含量也會增加。

吸了野鳳仙花的花蜜就別想逃了

野鳳仙花屬於鳳仙花科的一年生草本植物，在日本從北海道到九州的低山或山地都可以看見自生的野鳳仙花。夏季到秋季之間，野鳳仙花會開出形狀獨特的紫花，紫花的形狀長得很像「被釣起的帆船」，所以在日本被取名為「釣船草」。

野鳳仙花的花朵形狀複雜，含有花蜜的深處部位呈現漩渦狀，所以只有巨熊蜂等擁有細長吸管狀舌頭的昆蟲，才有機會深入到花蜜處。

昆蟲必須深入到花朵最裡面才能夠吸取到野鳳仙花的花蜜，而這時昆蟲身上會沾滿

冷知識　在日本的德島縣和愛媛縣等縣市，野鳳仙花被指定納入「瀕臨絕滅危機之野生生物種類名錄（瀕危物種紅色名錄）」之中。

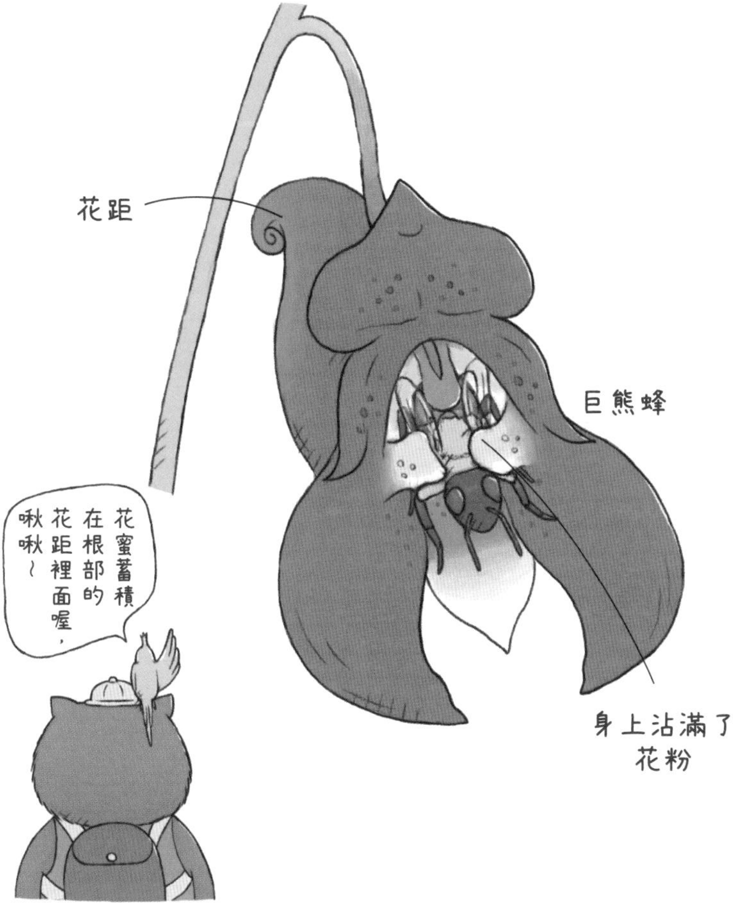
花距
巨熊蜂
身上沾滿了花粉
花蜜蓄積在根部的花距裡面喔，啾啾～

花粉。也就是說，野鳳仙花擁有不允許昆蟲「免費採花蜜」的機制。

鳳仙花科　複雜度 3

分布地 東亞。

大小 草高40cm～80cm

重點筆記 野鳳仙花的果實成熟之後，會像噴瓜等植物一樣爆裂開來，種子也會飛彈四處。

扇脈杓蘭的花朵是「單行道」

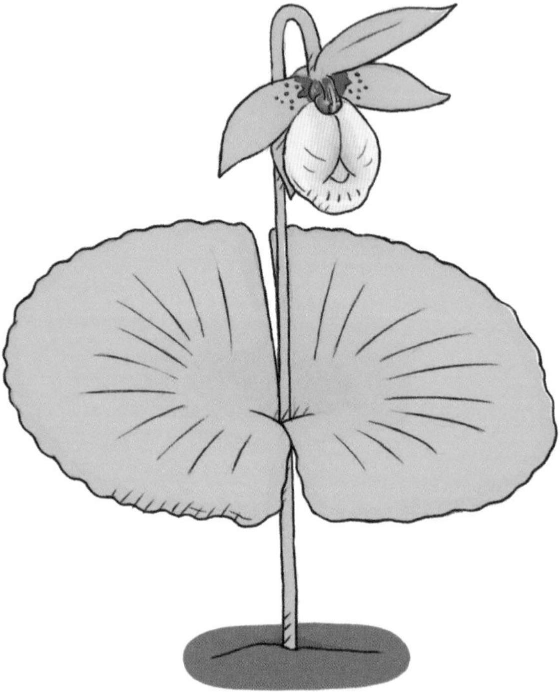

蘭科　　複雜度 3

分布地 日本、朝鮮半島、中國。

大小 草高20cm～40cm

重點筆記 日本的野生蘭花當中，扇脈杓蘭的花朵是最大的一種，約有10cm大。

冷知識 在日本環境省（相當於台灣的環境保護署）的瀕危物種紅色名錄中，扇脈杓蘭被列為易危等級（VU）。

扇脈杓蘭屬於蘭科的多年生草本植物，在日本的山地可以發現自生的扇脈杓蘭，但屬於相當稀少的植物。4～5月之間，扇脈杓蘭會開出形狀像掛著一只袋子的白色或紫色花朵。

扇脈杓蘭的花朵構造複雜，蜂蜜等昆蟲從中央的洞孔鑽進花朵後，將會在花朵內部的長毛引導下，從上方的小洞飛出來。也就是說，扇脈杓蘭的花朵是呈現單行道的構造。這一條單行道的出口長有裝滿花粉的囊狀部位（花葯），可以使得大量的花粉沾在蜜蜂的身上。

不僅如此，扇脈杓蘭沒有花蜜，所以幫忙授粉的蜜蜂得不到花蜜回報，可說是宛如「詐騙高手」的植物。

扇脈杓蘭的花朵

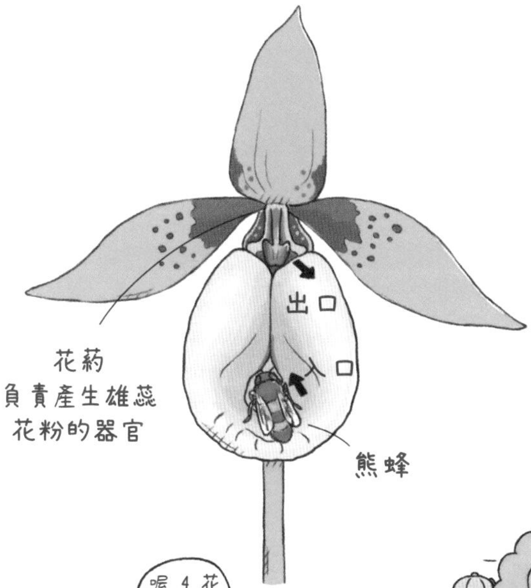

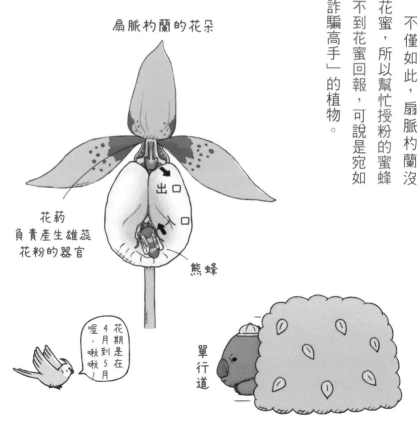

當貓眼草彈射種子時，就表示下雨了

虎耳草科

複雜度 1

分布地 日本固有種類，分布於南千島、北海道、本州、九州北部。

大小 草高4cm～20cm

重點筆記 貓眼草的種子呈現橢圓蛋形，較容易進行不規則性滾動。

冷知識 日本金腰為貓眼草的同類植物，其果實碩大，果實內也含有許多種子。

貓眼草屬於虎耳草科的多年生草本植物，生長於日本北海道和本州的溼地。貓眼草會在4月到5月之間開出不顯眼的淡黃綠色花朵，在那之後會結成綠色的果實。當種子成熟後，貓眼草的果實上方就會裂開，形成一個橢圓形的開口。裂開的果實看起來就跟「貓眼」一模一樣，因此有了貓眼草之名。

貓眼草的每顆果實裡面含有10～20顆小小的種子，當雨滴或水滴碰觸到果實時，種子就會因為受到衝擊而彈出，飛散到遠處去。對於利用這樣的機制來散播種子的植物，我們稱之為「水滴散播型植物」。

果實裂開後，長得很像白天裡會看到的貓眼睛。

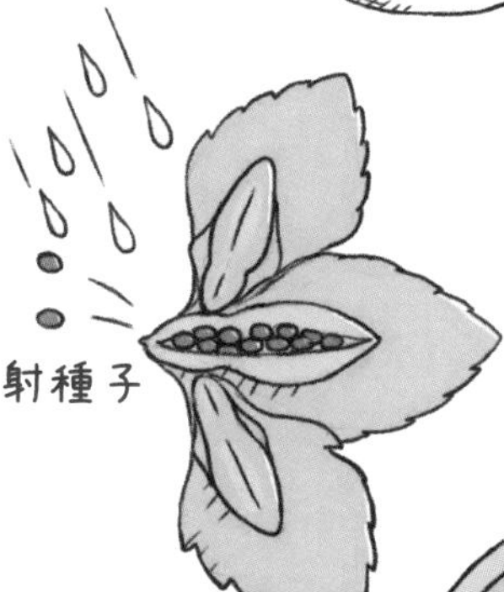

彈射種子

貓眼草的花朵

無患子的果實
可以像肥皂一樣起泡泡

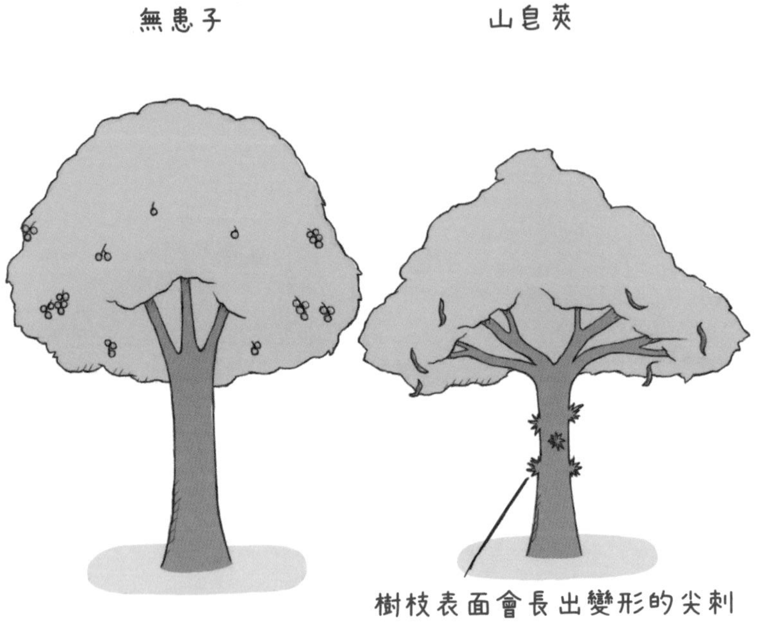

無患子
山皂莢
樹枝表面會長出變形的尖刺

無患子科

複雜度 1

分布地 分布於南亞、東南亞、東亞的熱帶到亞熱帶地區。

大小 樹高7m～15cm

重點筆記 在日本，無患子多被種植於寺廟或神社。

冷知識 山皂莢的果莢也含有皂素，人們以前會把它當成肥皂的替代品來使用。

無患子屬於無患子科的落葉喬木。在日本，新潟縣、茨城縣以西的本州、四國、九州的山地都可以看見自生的無患子。除此之外，它也經常被當成庭園樹木來種植。

無患子會在6月時開出淡綠色的花朵，到了10～11月時，就會結出直徑約2公分的黃褐色果實。無患子的果實表面呈現半透明，質感獨特。半透明的果實表皮含有名為皂素的成分，溶解在水中時就會起泡，所以一直以來人們會當成肥皂的替代品來使用。

無患子的果實裡有一顆大大的黑色球狀種子，這個黑色種子非常堅硬，所以會被當成板羽球的黑色羽球來使用。

無患子的成熟果實

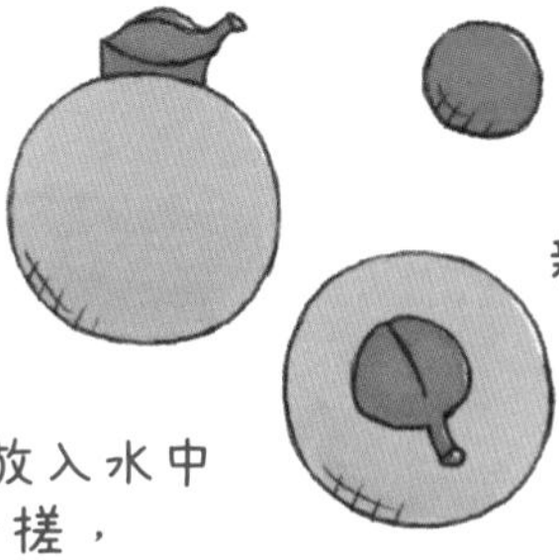
種子
種子會被當成
新年玩板羽球時
的羽球來使用
把表皮放入水中
搓一搓，
就會起泡

山皂莢的
成熟果實

龍江柳、杞柳的種子可以飛向高空

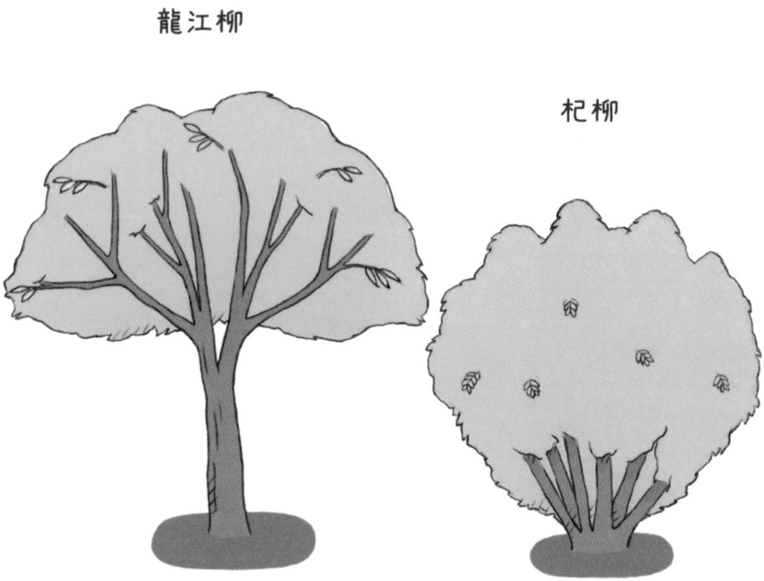

楊柳科

複雜度 1

分布地 分布於日本北海道至九州、朝鮮。

大小 樹高8m～15m（龍江柳）、2～3cm（杞柳）

重點筆記 過去曾經因為龍江柳、杞柳的絨毛附著在汽車的擋風玻璃上，導致混亂場面。

冷知識 改良過的杞柳作為庭園樹木而深受歡迎。

龍江柳和杞柳屬於楊柳科，龍江柳的樹高可高達15公尺，所以被分類為落葉喬木；而杞柳的樹高為2～3公尺，所以被分類為落葉灌木。這兩種柳樹都是屬於雌雄花分別生長在不同株體的雌雄異株植物。

龍江柳自生於日本北海道和本州奈良縣以北的地區，杞柳則是自生於北海道到九州地區，有著日光充足的河邊或潮溼地帶。

龍江柳和杞柳都會在3～4月之間開花，開花後會結出表面覆蓋一層輕飄飄白色絨毛的種子。龍江柳和杞柳的種子會像蒲公英一樣，利用白色絨毛隨風飛到其他地方去。

雌雄異株是指雌雄花生長在不同株體

含羞草

閉合葉子的原因到現在還是個謎

豆科　　　　複雜度 3

分布地 原產於南美大陸，現在分布於世界各地。

大小 草高30cm～50cm

重點筆記 即使沒有受到任何刺激，含羞草到了晚上也會閉合葉子往下垂。

冷知識 含羞草本是多年生草本植物，但在日本因為承受不了冬天的寒冷，所以變成一年生草木植物。

含羞草是原產於南美洲、不耐寒的豆科植物，在日本沖繩的郊區可以看見自生的含羞草。

當含羞草的葉子受到刺激，像是被人用手觸摸時，就會從前端朝向根部依序合起葉子，最後葉子會整體往下垂。因為葉子往下垂的模樣很像在「鞠躬」，所以在日本被取名為「鞠躬草」。

含羞草還有一個令人驚訝的地方，也就是能夠分辨刺激的種類。受到風吹雨打等刺激時，含羞草不會合起葉子，但如果是因為人類的手或昆蟲而受到刺激時，就會合起葉子。

不過，至於含羞草為什麼要閉合葉子，到現在還不知道箇中的原因。（註：有假說提出夜晚的睡眠運動可能減少熱量散失或水分蒸發，因此閉合葉子。）

含羞草被碰觸、受到熱度或風雨的刺激或感受到震動時，就會鞠躬。

因為水分在莖部的關節部位（葉枕）內移動而鞠躬

晚上也會鞠躬

櫻桃樹

會利用白色花朵和紅色果實來操控鳥兒

薔薇科

複雜度 2

分布地 原產於西亞。

大小 樹高15m～20m

重點筆記 櫻桃樹的種類繁多，在日本栽種的櫻桃樹超過1000種。

冷知識 在日本，櫻桃被稱為「櫻坊」，也就是「櫻樹的小孩」的意思。

櫻

櫻桃樹屬於薔薇科的落葉樹。雖然櫻桃樹與觀賞用的櫻花樹屬於同類，但櫻桃樹的果實較大，被視為水果食用。櫻桃樹的花朵呈現近乎白色的淡淡色澤。

蜜蜂能夠清楚看見白色，所以會被櫻桃樹的花朵吸引聚集過來，並幫忙授粉。櫻桃樹的果實呈現紅色，這是為了呼喚鳥兒。紅色在綠葉之間十分顯眼，所以即使是飛行中的鳥兒，也能夠輕易發現。

吃了櫻桃的鳥兒飛到其他地方後，將會排放含有種子的糞便，櫻桃樹也就得以在其他地方生長。也就是說，花朵最白，果實最紅的植株能得到更好的授粉率。櫻桃樹像是懂得區分使用白色和紅色，來巧妙操控昆蟲以及鳥兒一樣。

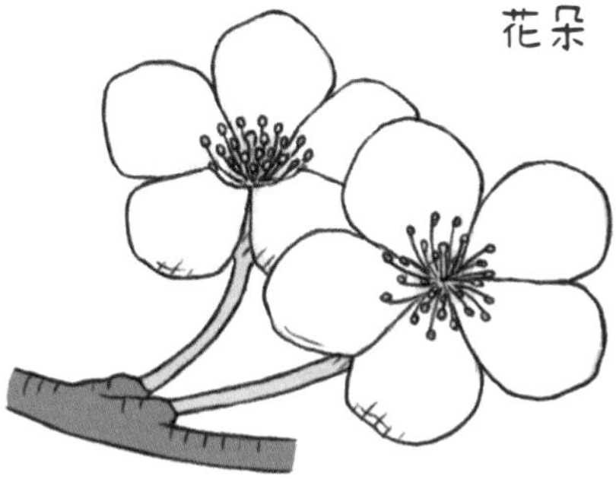
花朵

為了讓蜜蜂清楚看見而綻放白花

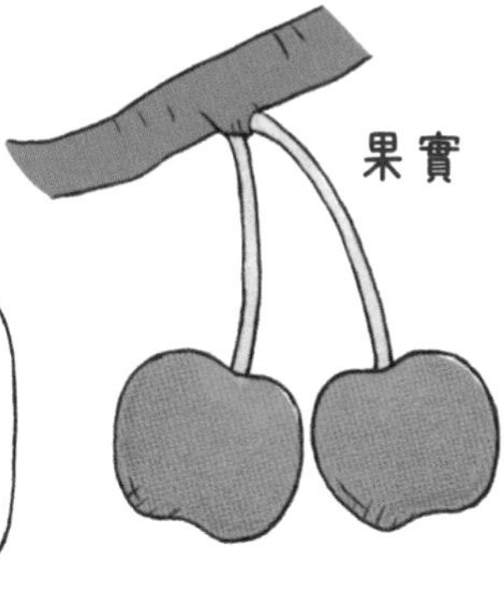
果實

為了讓鳥兒清楚看見，所以成熟後就會變紅。

6月～7月時櫻桃就會很好吃喔，啾啾～
摘到了好多櫻桃

雨豆樹的葉子
跟人類一樣在晚上睡覺、早上起床

豆科　　複雜度 2

分布地 原產於墨西哥和南美洲北部，但現在於全世界的熱帶地區受到廣泛栽種。

大小 樹高25m～30m

重點筆記 雨豆樹木材會被利用在家具、房屋裝潢、工藝品等用途上。

冷知識 日本有一則家喻戶曉的電視廣告「這是什麼樹？」當中的巨樹，就是位在夏威夷歐胡島的雨豆樹。

雨豆樹屬於豆科的常綠樹，體型較大者可以成長到約30公尺高。雨豆樹的樹枝也會大大往外延伸，體型較大者可以成長到直徑40公尺那麼寬。雨豆樹又稱為猴莢（Monkey pod）或雨樹（Rainy tree）。

雨豆樹的葉子和蕨類植物長得相似，有著像翅膀一樣的形狀。雨豆樹到了下午會合起葉子，等到隔天早上再隨著太陽升起而張開葉子，每天反覆相同的動作。這樣的動作宛如動物在睡覺一般，所以被稱為睡眠運動。

人們原本一直研究不出其中的原因，直到2018年，才由日本東北大學研究所的上田實教授等學家研究出引起睡眠運動的機制。

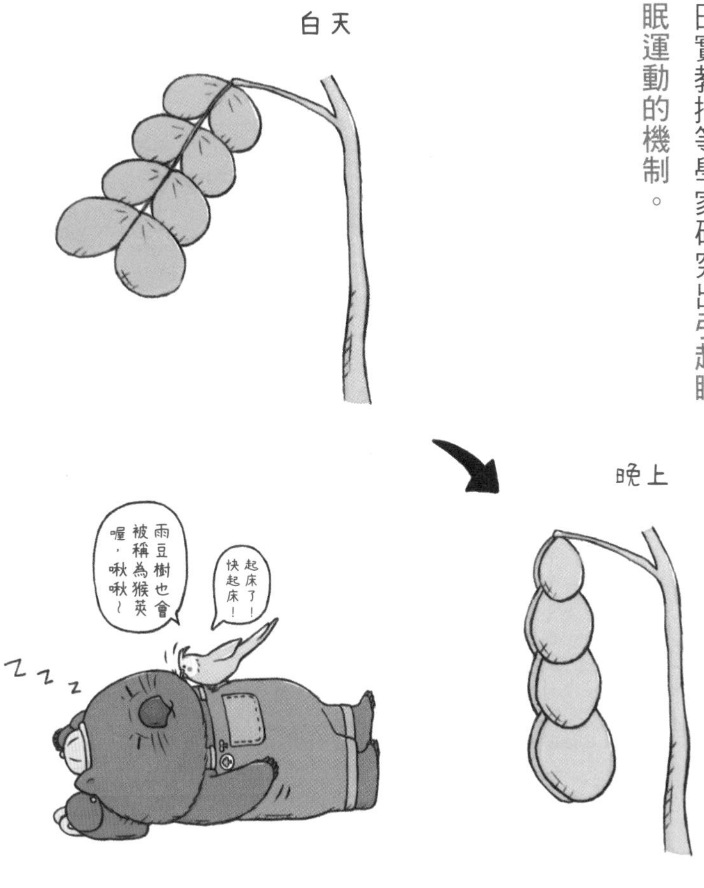
白天
晚上
起床了！快起床！
雨豆樹也會被稱為猴莢喔，啾啾～
Z Z Z

哪一個才對呢？

影子猜猜看①

野罌粟

範本

猜猜看 A～～E 當中，
哪一個影子與範本相同？

A
B
C
D
E

野罌粟又稱為
冰島虞美人喔，
啾啾～

答案：D

第2章

擁有銅牆鐵壁般防衛力的植物

牛膝會為了趕走天敵而讓牠們快快長大

牛膝屬於莧科的多年生草本植物，在日本分布於北海道以外的地區。夏天到秋天之間，牛膝會開出不顯眼的綠色花朵。

牛膝的天敵是愛吃葉子的青蟲，而牛膝會使用奇特的方法來對付天敵。

牛膝的葉子含有可以讓青蟲加快成長的成分，吃下葉子後，青蟲反覆脫皮的速度會比正常速度來得快，在還沒有吃下足夠葉子之前就先蛻變為成蟲，也就是蝴蝶或蛾。一旦蛻變成蝴蝶或蛾之後，就不能再吃葉子，快速成長的成蟲不但長不大，也沒有產卵的能力。

冷知識 乾燥過的牛膝根會被作為中藥來使用。

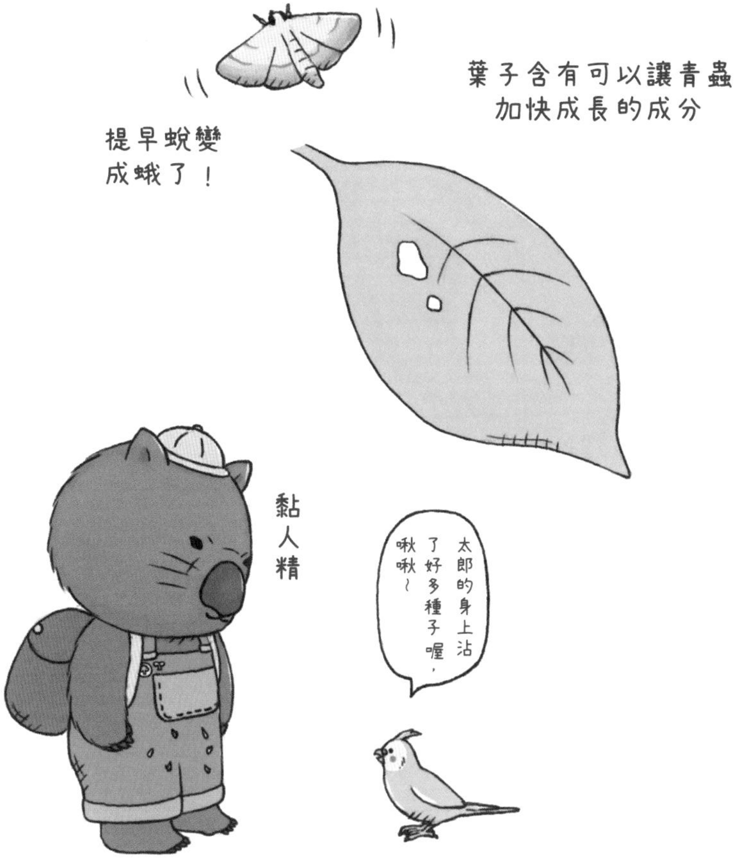
葉子含有可以讓青蟲加快成長的成分
提早蛻變成蛾了！
黏人精
太郎的身上沾了好多種子喔，啾啾～

牛膝就是利用這樣的方法在消滅天敵青蟲。

莧科

防禦力 2

分布地 日本（北海道除外）、朝鮮、中國中部、台灣。

大小 草高50cm～1m

重點筆記 第二次世界大戰期間，日本把牛膝作為「夏季七草」之一，推薦民眾食用牛膝。

玉蜀黍被蟲咬時，會散發氣味求救

玉蜀黍屬於禾本科的一年生草本植物，其果實受到廣泛利用，可以作為食物、飼料，也可以當成澱粉、油品的原料來利用。玉蜀黍原產於中南美洲，在16世紀末被引進日本。

分秘夜蛾的幼蟲是玉蜀黍的天敵，牠們會吃掉玉蜀黍的葉子。當葉子被分秘夜蛾的幼蟲啃咬時，玉蜀黍會散發可以吸引分秘夜蛾的天敵，也就是寄生蜂的氣味。而寄生蜂被氣味吸引過來後，會在分秘夜蛾的幼蟲身上產卵，最後消滅分秘夜蛾。

冷知識 玉蜀黍的長鬚（雌蕊）是從一顆一顆的玉米粒長出來，所以長鬚的數量越多，就會有越多玉米粒。

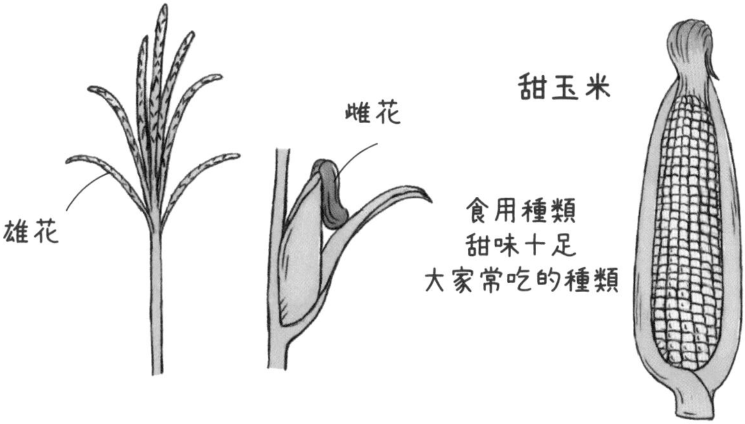

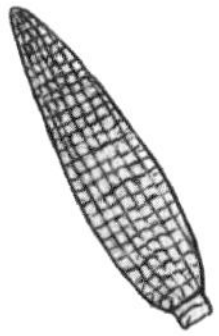
玉米筍
把甜玉米的第二朵
雌花（第二穗）
摘下來汆燙食用

金黃玉米
白玉米
雙色玉米

也就是說，玉蜀黍採用了「敵人的敵人就是朋友」的戰略。

禾本科 防禦力 2

分布地 原產於中南美洲。

大小 草高1.5m～2m

重點筆記 玉蜀黍的芯部可以利用作為防蛀牙的木糖醇原料。

為了不想被拔除，稗草長成像水稻的模樣 東躲西藏

稗草屬於禾本科的一年生草本植物，生長於稻田裡或稻田四周。

稗草的幼苗和水稻長得十分相似，遇到除草時總能夠逃過一劫。稗草會在稻米收割期到來之前，一鼓作氣地向上生長並冒出稗穗來，搶在水稻之前結出種子。所以，到了稻米收割期時，稗草已經撒下所有的種子。

稻田裡如果長了稗草，會使得稻米的收成變少。有些稗草甚至不怕除草劑，真是讓人頭痛的田間雜草。為了在稻田裡存活下來，稗草配合水稻的生長方式一路演化過來，可說

冷知識　稗草一路鎖定稻田演化，現在變成幾乎只在稻田裡生長的專業雜草。

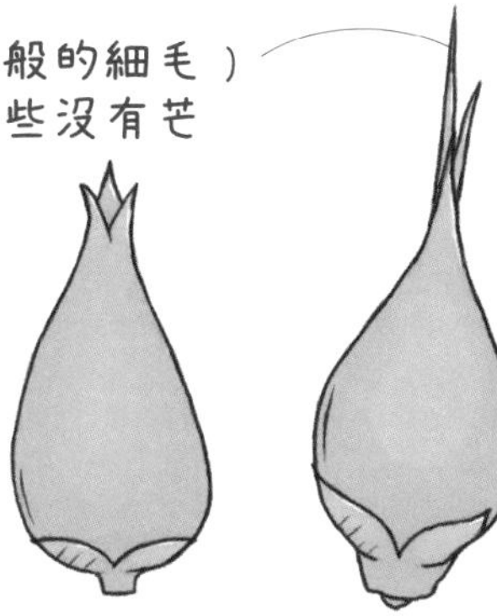
稗草的芒（如針般的細毛）
有長有短，有些沒有芒

是聰明又狡猾的植物。

禾本科　防禦力 2

分布地 日本、歐亞大陸、非洲。

大小 草高40cm～90cm

重點筆記 稗草的稗子經過改良後，被製成了可食用的稗穀。

樟樹會利用昆蟲厭惡的樟腦搭起防護罩

樟科

防禦力 3

分布地 原產於台灣、中國、朝鮮、越南

大小 樹高8m～40m

重點筆記 台灣有世界第一高的樟樹，樹高達44公尺。

冷知識 樟樹的葉子有兩個蟲菌穴（葉脈之間形成的小空間），蟲菌穴裡會有專吃植物的蟎蟲和專吃動物的蟎蟲。

樟樹屬於樟科的常綠喬木，在日本分布廣泛，關東地區南部以南的西岸到本州的太平洋岸，以及四國、九州、沖繩地區，都可以看見樟樹的蹤影。*（註：樟科植物是台灣中低海拔最主要的樹種。）

日本的寺廟或神社也經常種植樟樹，當中也有長得巨大的樟樹被視為「神木」，受到人們的尊崇。

樟樹的木質部含有具驅蟲效果的樟腦成分，散發出強烈的氣味。昆蟲很討厭樟腦的氣味，所以不會主動靠近。古時候人們就會燃燒樟樹的葉子，來利用煙霧作為驅蟲劑或止痛劑。在過去，人們會為了採收樟腦而種植一大片樟樹，現在則是使用合成樟腦。

很多樟樹都長得非常高大喔，啾啾～

利用水蒸氣蒸餾法所製造的天然樟腦

樟腦油
芳香蒸餾水

可當成驅蟲劑使用

魚腥草 可以靠著氣味消滅黴菌

三白草科　防禦力 3

分布地 原產於東亞，廣泛分布於日本到東南亞。

大小 草高約20cm～50cm

重點筆記 魚腥草被採用為爽健美茶的原料之一。

冷知識 魚腥草的味道經過加熱會變得溫和，有時會料理成炸物來吃。

魚腥草是一種喜歡半陰溼環境的多年生草本植物，可在庭院或空地等處發現群生的魚腥草。其特徵在於整體帶有獨特的氣味，以及呈現紫色的葉子背面（註：魚腥草葉背大多是淺綠）。魚腥草會在5～8月之間開花，開花時看起來像白色花瓣的部位並不是花朵，真正的魚腥草花會聚集在中央部位。

魚腥草的藥效十足，會被作為內服藥和外用藥使用。其氣味成分可以殺死白癬菌或葡萄球菌。

魚腥草有時會被誤解成是一種毒草，但事實上魚腥草本身沒有毒性，而是具有「抑制毒性」的功效。

新鮮魚腥草
經過加熱後味道會變得溫和

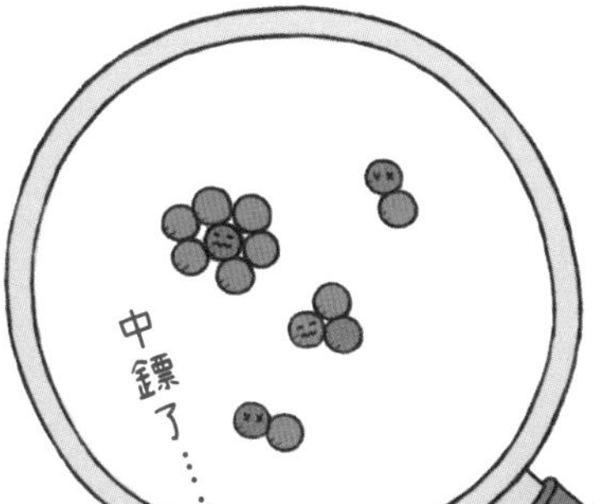
葡萄球菌

白癬菌……導致香港腳等病痛的原因

葡萄球菌……導致食物中毒的原因

喝了可以幫助清血的魚腥草茶

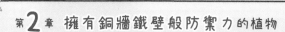

吃了鳳梨會刮舌的原因
是為了對抗昆蟲

鳳梨屬於鳳梨科的多年生草本植物。鳳梨原產於熱帶美洲，現在泰國、菲律賓和巴西等地區也會栽種鳳梨。鳳梨的果實帶有酸味以及甜味，人們會直接生吃或製作成鳳梨罐頭。

成熟前的鳳梨果實和葉子含有針狀的草酸鈣結晶，以及可以分解蛋白質的豐富酵素。這些成分對昆蟲有害，可以保護鳳梨不會受到害蟲啃食。

等到果實成熟後，草酸鈣就會變少。有時候我們生吃鳳梨時會覺得刮舌，其原因就出在針狀的草酸鈣結晶，以及可以分解蛋白質的酵素。

冷知識 熱帶地區會從鳳梨的葉子取得纖維來製成衣服。

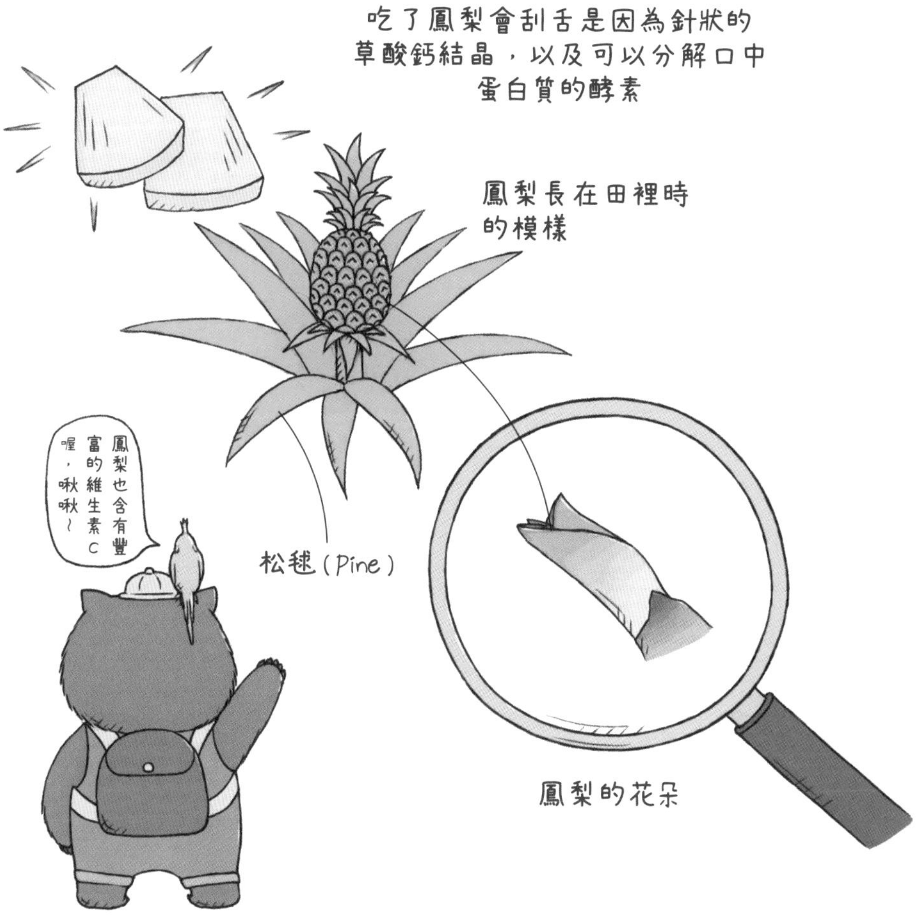
吃了鳳梨會刮舌是因為針狀的草酸鈣結晶，以及可以分解口中蛋白質的酵素
鳳梨長在田裡時的模樣
鳳梨也含有豐富的維生素C喔，啾啾～
松毬（Pine）
鳳梨的花朵

鳳梨科

防禦力 3

分布地 原產於熱帶美洲。

大小 60cm～100cm

重點筆記 鳳梨收割後不會繼續熟成，買回家後要盡快吃掉比較好。

蒲公英被蟲咬時，會分泌白色黏液堵住昆蟲的嘴巴

菊科　　防禦力 2

分布地 自生於歐亞大陸。

大小 草高約15cm

重點筆記 乾燥的蒲公英根會被作為咖啡的替代品。

冷知識 以前人們曾經收集蒲公英分泌的白色黏液來製造輪胎。

蒲公英是大家熟悉的多年生草本植物，路邊或草地上到處都可以看見自生的蒲公英。蒲公英會在春天到夏天之間開花，並形成圓滾滾的絨毛。這些絨毛上面帶有種子，可以隨風飄到很遠的地方，不斷擴散出去。

蒲公英的花梗像吸管一樣呈現空心狀，花梗或葉子被割開時，會流出黏稠的白色汁液。蒲公英的白色汁液含有天然橡膠的成分，被蟲咬時可以堵住昆蟲的嘴巴，不讓昆蟲繼續啃咬下去。

另外，蒲公英也含有健胃的成分，以及有助於排尿的成分，所以也會被視為中藥來使用。

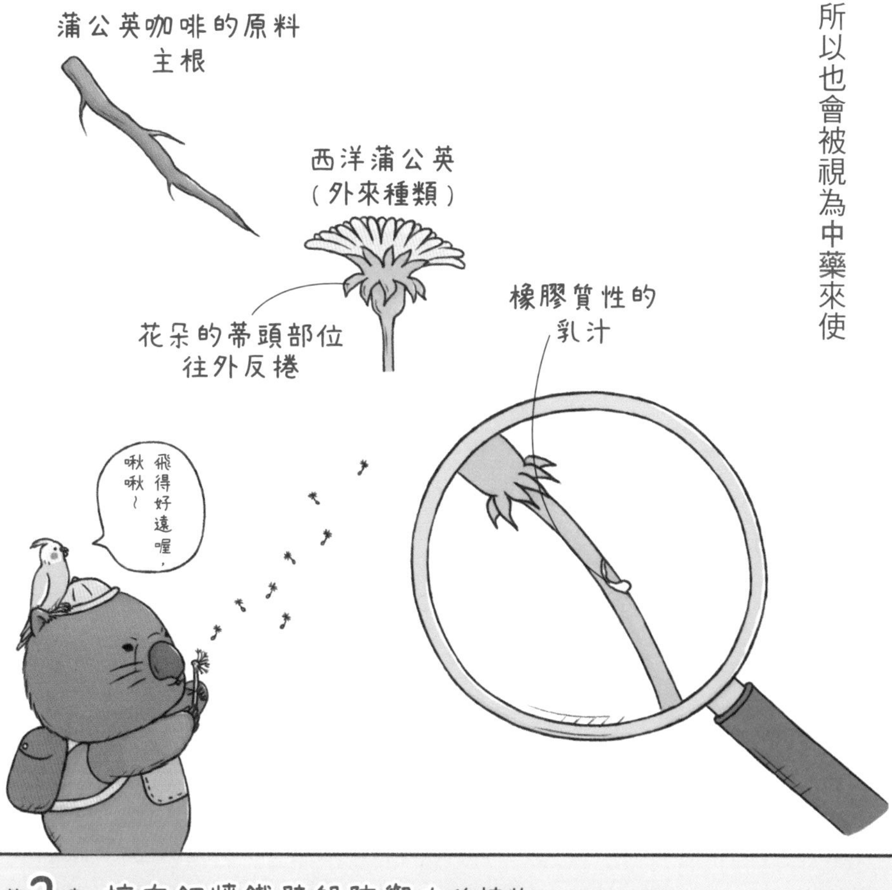

阿拉伯芥一聽到被蟲咬的聲音，就會分泌毒液

阿拉伯芥屬於十字花科的一年生草本植物。原產於歐亞大陸和北非的阿拉伯芥在日本被列為外來植物，分布在北海道到九州的海岸和低地地區。

阿拉伯芥的天敵是專吃葉子的白粉蝶幼蟲。根據近來的研究，已得知阿拉伯芥一聽到葉子被蟲咬的聲音，就會增加含有幼蟲厭惡的辣味成分的油脂分泌量，設法驅趕幼蟲。

目前還沒有查清楚阿拉伯芥是靠什麼部位聆聽蟲咬的聲音，而植物世界裡還有很多我們不知道的例子，很多植物會配合環境變化而改變機制或下

冷知識　阿拉伯芥的種子曾經被送往國際太空站，進行了發芽實驗。

巧思，好讓自己存活下去。

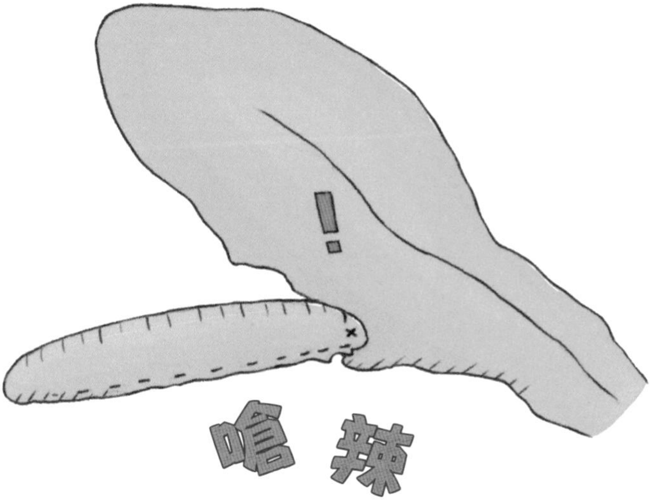

阿拉伯芥的花朵

十字花科

防禦力 2

分布地 原產於歐亞大陸到北非地區。

大小 草高10cm～30cm

重點筆記 阿拉伯芥很容易生長，也發育得快，所以經常聽到被利用在遺傳學方面的研究上。

皇帝豆被蟲咬時，會散發氣味吸引肉食蟎

豆科

防禦力 2

分布地 原產於熱帶美洲

大小 草高約2m～4m

重點筆記 皇帝豆有不同的種類，包含在中美洲廣泛分布的小顆種類，以及在南美洲廣泛分布的大顆種類。

冷知識 皇帝豆含有亞麻苦苷（氰基糖苷），食用時必須先汆燙過一遍（汆燙後倒掉熱水）。

在日本栽種的皇帝豆屬於一年生草本植物。皇帝豆和四季豆屬於同類，其彎月狀的扁平豆莢裡含有直徑1～2公分的豆子。皇帝豆的豆子可以食用，在各國會被烹調成各式各樣的料理，在日本則是會利用為白豆沙餡的原料。

葉子遭到二斑葉蟎啃咬時，皇帝豆就會散發氣味吸引二斑葉蟎的天敵——智利小植綏蟎。不僅如此，除了葉子被咬的那株皇帝豆之外，其周遭的皇帝豆也會一起散發氣味來吸引智利小植綏蟎，以保護自己不被二斑葉蟎攻擊。也就是說，皇帝豆採用了「敵人的敵人就是朋友」的戰略。

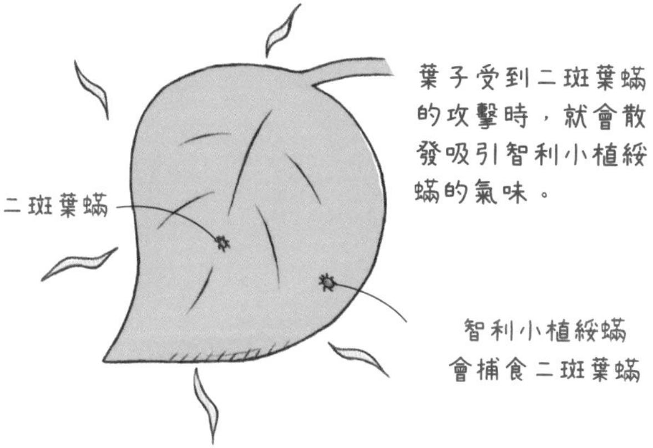
葉子受到二斑葉蟎的攻擊時，就會散發吸引智利小植綏蟎的氣味。
二斑葉蟎
智利小植綏蟎會捕食二斑葉蟎

皇帝豆含有亞麻苦苷，一定要燙熟喔，啾啾～
記得要燙熟……

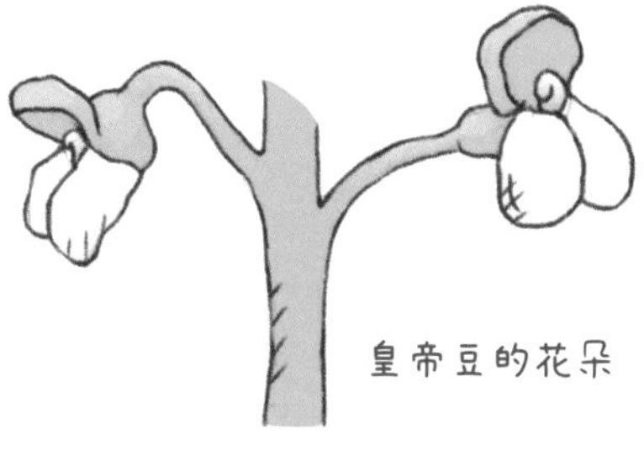
皇帝豆的花朵

亞麻苦苷（氰基糖苷）一旦遇上人體腸子裡的腸道細菌，就會被分解成有毒的氰化氫。

缺乏水分時，

萬年松就會裝死

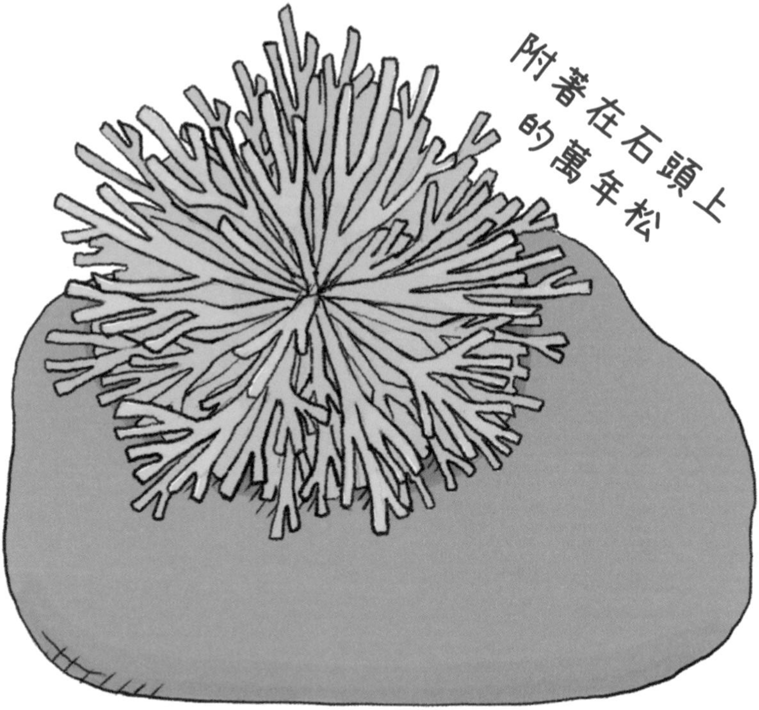

卷柏科

防禦力 3

分布地 近乎全日本、東亞至東南亞的山區。

大小 草高約20cm

重點筆記 萬年松可從假死狀態之中復活，所以也被稱為「還魂草」。

冷知識 萬年松隨著冬季展開而進入假死狀態後，就不需要澆水。

萬年松與蕨類植物屬於同類，其枝葉和檜葉形狀長得相似，主要自生於岩石。萬年松的葉子會因為季節或日曬的不同而變換各種顏色，所以也是受人喜愛的觀賞植物。

當氣溫下降、空氣變得乾燥時，萬年松的枝條會整體往內捲縮，呈現假死狀態（冬眠狀態）。說到假死狀態，最有名的莫過於白熊，人們推測萬年松也是運用類似的機制讓自己進入假死狀態。

萬年松進入假死狀態以後，即使經過很長一段時間，只要一有雨水或其他水分補給，也能夠在幾小時到幾天之內重新張開枝條，呈放射狀地往外伸展。

冬眠狀態
這時期不需要澆水

展現耐性……
啾啾？

紅葉狀態

西番蓮會利用「假卵」讓昆蟲死心

西番蓮是具有蔓性的多年生草本植物，會在初夏到秋天之間開花。西番蓮的雌蕊分裂成三片，看起來很像時鐘的長針、短針以及秒針，所以在日本被取名為「時鐘草」。西番蓮的花朵有各式各樣的顏色和形狀，作為觀賞植物深受人們的喜愛。

西番蓮的葉子和莖部含有氰化氫等毒性成分，所以能夠防止蟲咬，但西番蓮的天敵，也就是毒蝶亞科蝴蝶的幼蟲不怕這些有毒成分，還會把有毒成分囤積在體內來保護自己。

面對天敵毒蝶亞科蝴蝶，西番蓮會在莖部形成與蟲卵長

冷知識 經常被用來製成果汁的百香果也是西番蓮的同屬植物。

得一模一樣的突起部位，讓毒蝶亞科蝴蝶誤以為「被人搶先一步」，以達到防止天敵產卵的作用。

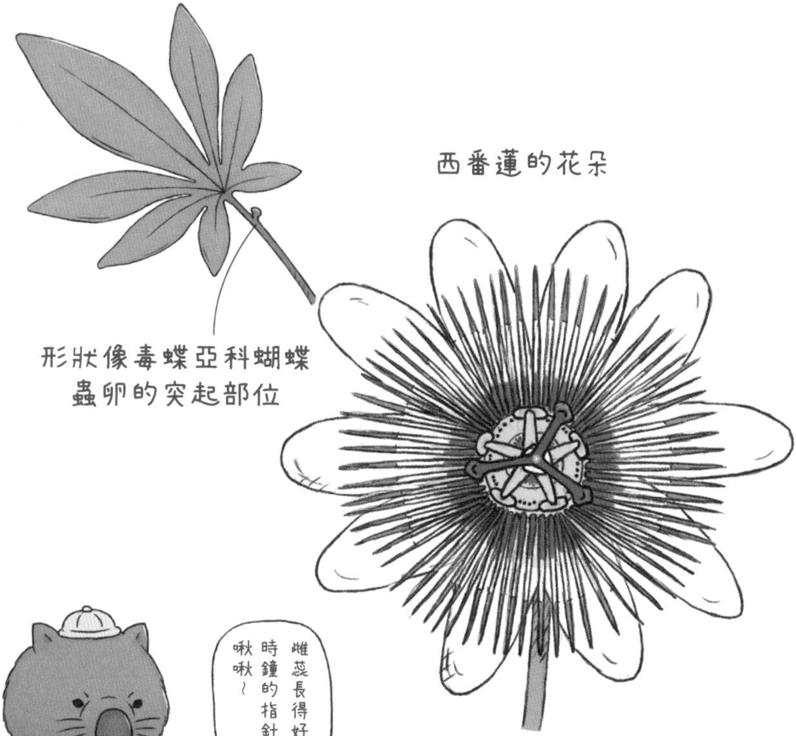

西番蓮科

防禦力 2

分布地 原產於中美洲、南美洲的熱帶、亞熱帶地區。

大小 草高2m～3m以上

重點筆記 以前被派到中南美洲的基督教傳教士深信西番蓮是「十字架上的花朵」，並且活用西番蓮於傳教。

高雪輪會分泌黏液捕捉昆蟲，但不會吃掉昆蟲

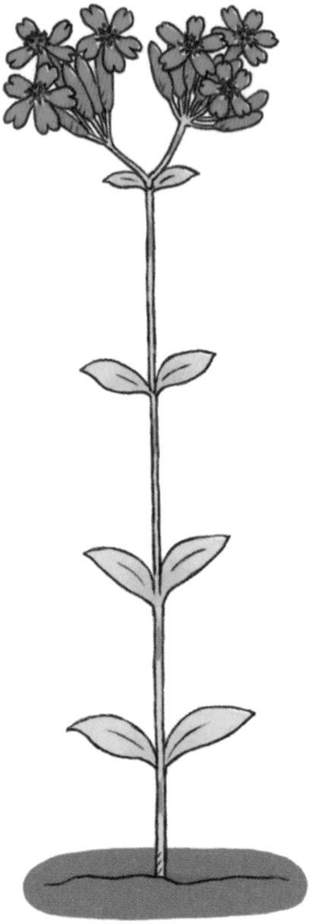

高雪輪屬於石竹科的一年生或二年生草本植物，5月到6月之間會開出許多直徑約1公分的小花。

高雪輪的花朵顏色大多為粉紅色，但也有會開出白花的種類。高雪輪的繁殖能力強，經常可以在空地或路邊發現群生的高雪輪。

為了捕捉或驅趕沿著莖部往上爬的蚜蟲和螞蟻，高雪輪會從莖部上方的褐色部位分泌黏答答的黏液。原因是這類昆蟲不會幫忙授粉。

不過，高雪輪即便有能力利用黏液捕捉昆蟲，也不會加以消化、吸收牠們，所以不屬

冷知識 高雪輪的同屬植物很容易生長，所以是深受喜愛的園藝品種。

於食蟲植物。

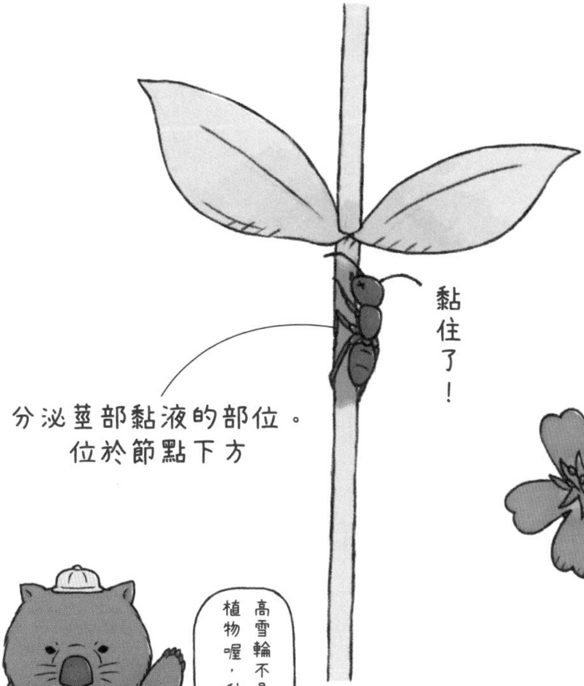
黏住了！
分泌莖部黏液的部位。
位於節點下方

高雪輪不是食蟲植物喔，啾啾~

高雪輪的花朵

石竹科

防禦力 2

分布地 原產於歐洲，廣泛分布於氣候暖和的地區。

大小 草高30cm～60cm

重點筆記 高雪輪當初是在明治時代（1868年～1911年）被引進日本，現在已成為常見的外來植物。

曾經有人把夾竹桃的樹枝用來烤肉串，結果不幸喪命

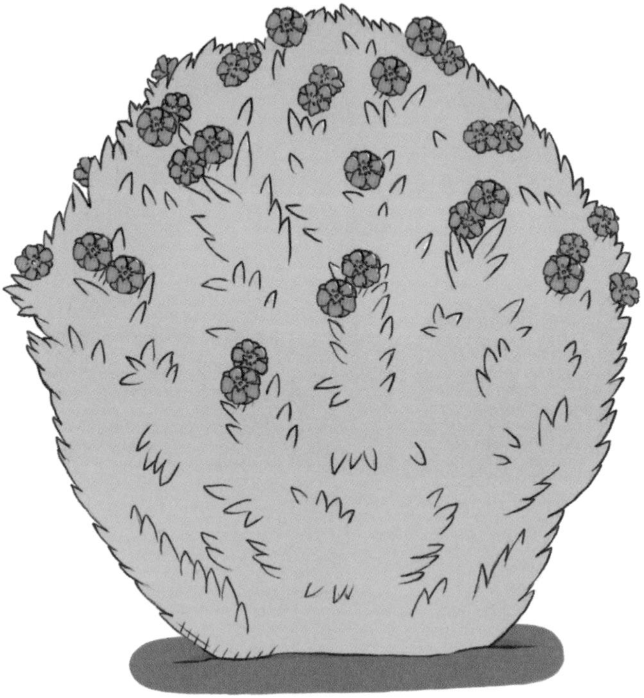

夾竹桃科

防禦力 3

分布地 原產於印度、中東、近東。

大小 樹高3m～6m

重點筆記 夾竹桃的葉子長得像竹葉、花朵長得像桃花，因此得名夾竹桃。

冷知識 夾竹桃是日本廣島在受到核爆後最早開花的植物，後來被指名為廣島市花。

夾竹桃屬於夾竹桃科的常綠灌木，在江戶時代（1603年～1867年）中期被引進日本。夾竹桃會開出美麗的粉紅色或紅色花朵，生命力強且容易生長，所以作為庭園樹木或路樹經常出現在我們的生活周遭。不過，事實上，夾竹桃是帶有劇毒的超危險植物。

夾竹桃整體部位都含有毒性強烈的夾竹桃苷。以前曾經發生過利用夾竹桃的枝條當筷子而中毒的事故，也發生過因為有少許夾竹桃葉子混在飼料之中，導致九頭乳牛死亡的事故。夾竹桃的毒性勝過氰化鉀，就連燃燒樹枝所產生的煙霧也帶有毒性，千萬要小心。

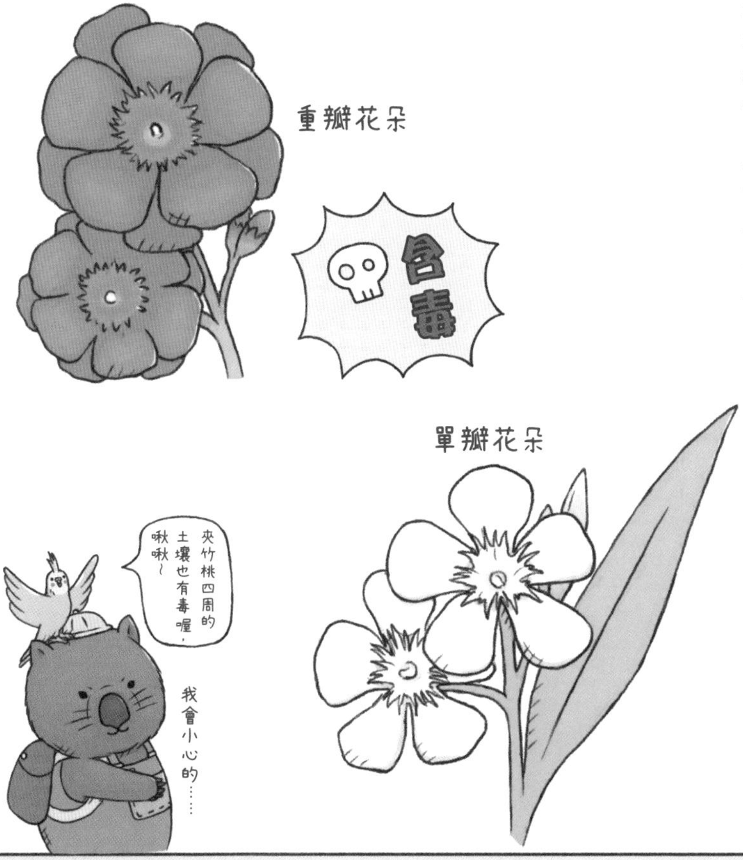
重瓣花朵
含毒
單瓣花朵
夾竹桃四周的土壤也有毒喔，啾啾～
我會小心的……

烏頭的毒液

足以毒死棕熊或鹿

烏頭主要分布於山區，屬於毛茛科的多年生草本植物。烏頭與毒芹、馬桑並列為日本三大有毒植物，據說具有植物界第一強的毒性。

烏頭鹼為烏頭的主要含毒成分，其致死量為3～4毫克。只要有大約1公克的烏頭葉子，便足以置人於死地。以前，日本北海道的愛奴族會在箭頭上塗抹烏頭的毒，利用毒箭來獵殺鹿隻和棕熊。

烏頭雖然具有相當可怕的毒性，但在7～10月之間會開出紫色或粉紅色的可愛花朵。其花朵形狀長得很像日本民俗表演中會使用的頭飾「烏

冷知識　中藥會把經過處理而降低毒性的烏頭根視為藥用植物。

兜」，所以在日本被取名為「烏兜」。

烏頭
烏頭和鵝掌草長得很像，
千萬要小心！
注意！
含毒
烏頭的花蜜和花粉也有毒，千萬要小心喔，啾啾～
烏頭具有
呈圓錐狀的塊根
鵝掌草

毛茛科 防禦力 3

分布地 廣泛分布於北半球溫帶及寒帶地區。

大小 草高1m～1.5m

重點筆記 烏頭的毒性對蜜蜂或虻等昆蟲無法產生作用。

不說你不知道！

櫻花
精神之美

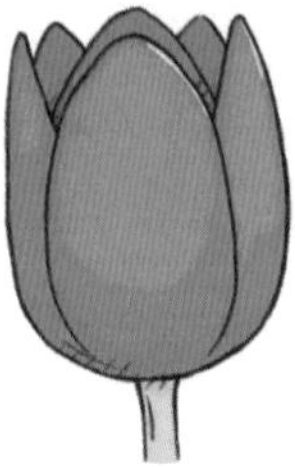

鬱金香
體貼

木春菊
戀愛占卜

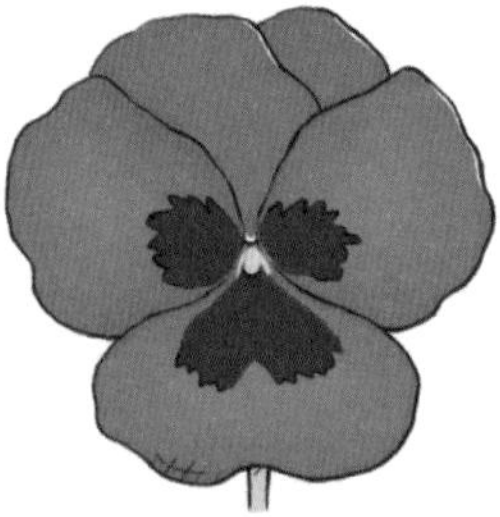

三色菫
思慕

雛菊
和平

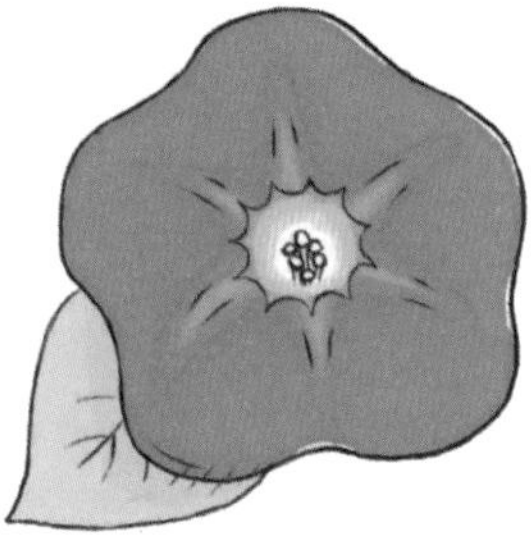

牽牛花
愛情

有些花可以代表許多不同的花語，這裡所介紹的只是其中之一喔，啾啾～

第3章

擁有奇特長相的植物

鹽膚木有突起的瘤，
裡面住著滿滿的蚜蟲

漆樹科

奇特度 2

分布地 分布於東南亞到東亞各地。

大小 樹高5m～6m

重點筆記 鹽膚木會被用來製作密宗的護摩木*。

*註：護摩木是在進行護摩火供祈福儀式時會使用到的板狀木材。

冷知識 鹽膚木果實表面的粉末為蘋果酸鈣的結晶，曾經被當成鹽巴的替代品來使用。（註：在台灣魯凱族文化中，是不可或缺的植物性鹽巴。）

鹽膚木屬於漆樹科的落葉喬木，從北海道到琉球列島，幾乎全日本都可以看見鹽膚木的蹤影（註：在台灣，分布於平地至中海拔山區之間曠地）。鹽膚木的樹幹被割破時會流出白色乳汁，以前人們曾經利用白色乳汁作為塗料。

五倍子蚜蟲會寄生於鹽膚木，還有著奇特的生活模式。從卵孵化後的雌蟲準備寄生在鹽膚木的葉子時，會把「癭瘤形成物質」灌入葉子裡，進而形成可以包住雌蟲的癭瘤。癭瘤會在春天到夏天之間變大，癭瘤裡也會生出愈來愈多雌性蚜蟲，並且發育成長。

等秋天到來，鹽膚木的葉子開始枯萎時，癭瘤也會轉為褐色，並且有部分癭瘤會破裂，五倍子蚜蟲將會隨之飛出。

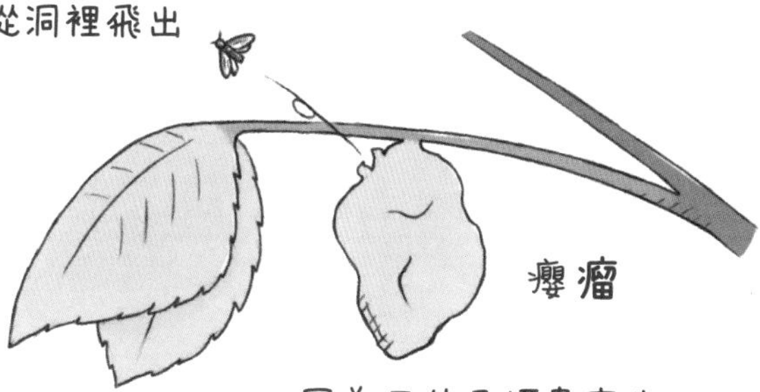
蚜蟲成蟲會鑽破癭瘤，

因為五倍子蚜蟲寄生而形成癭瘤

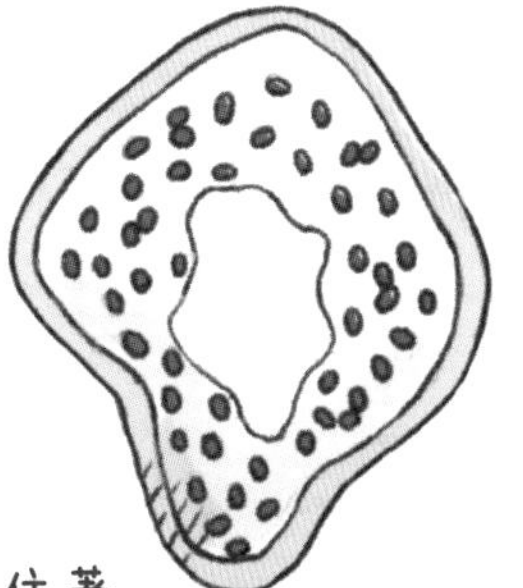
裡面住著
許許多多的蚜蟲

馬鈴薯有呈現螺旋狀的凹洞，兩個相鄰的凹洞角度約為137.5度

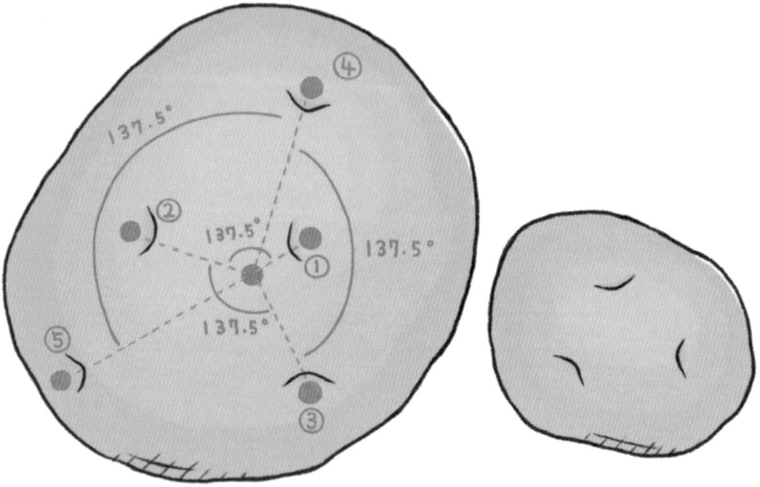

茄科　　奇特度 2

分布地 原產於安地斯山脈。

大小 草高50cm～1m

重點筆記 除了種薯的栽種方式之外，也能利用種子來栽種馬鈴薯。

冷知識 馬鈴薯芽和呈現綠色的馬鈴薯皮含有毒性成分「茄鹼」。

馬鈴薯屬於茄科的多年生草本植物，原產於南美洲的安地斯山脈，但因為其地下莖（薯）含有澱粉可供食用，所以在世界各地受到廣泛栽種。

馬鈴薯含有維生素C和鈣質等豐富營養，因此也會被作為主食。馬鈴薯的表面帶有凹洞，並且會從凹洞發芽。當你仔細觀察這些凹洞時，可以發現呈現螺旋狀排列著。而兩個相鄰的凹洞角度約為137.5度。

這個角度被稱為「黃金角」，可以使馬鈴薯在從凹洞發芽、長出葉子後，不會因為葉子互相重疊而曬不到陽光，可說是完美角度。

莖部可以錯開生長

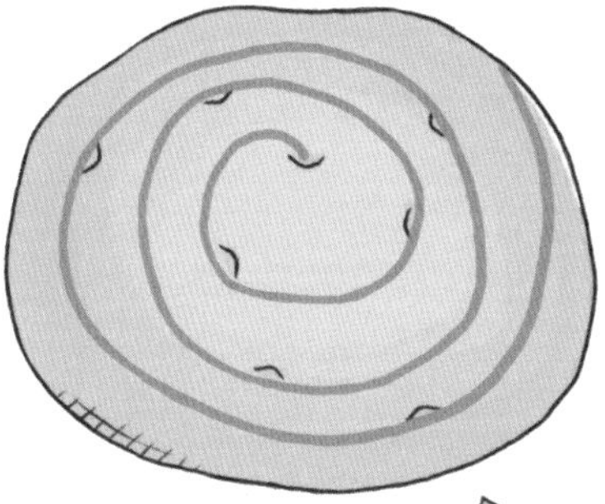

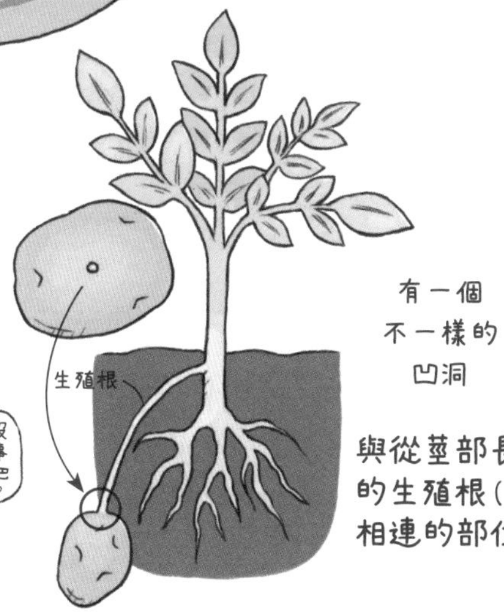
與從莖部長出的生殖根（腋芽）相連的部位

沒事吧？啾啾？

仙人掌的細刺
其實是葉片變來的

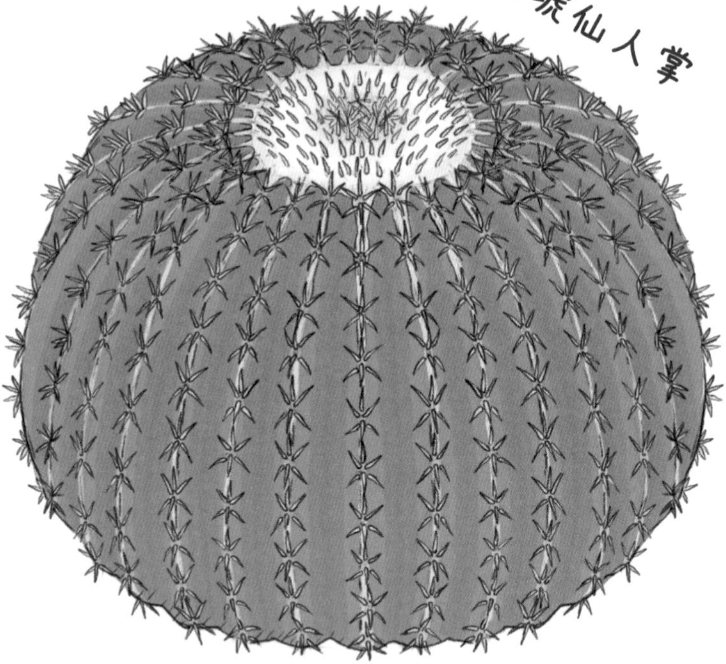

仙人掌科

奇特度 2

分布地 原產於南、北美洲大陸。

大小 依種類不同會有各種不同大小（也有超過10m的仙人掌）

重點筆記 仙人掌雖然不怕乾燥，但人工栽種仙人掌時，還是必須要定期澆水。

冷知識 在墨西哥等地區，「團扇仙人掌」會被做成生菜沙拉或湯品來品嘗。

仙人掌是所有屬於仙人掌科植物的總稱，其種類多達2000種以上。多數仙人掌為多肉植物，可以將水分儲存在內部。仙人掌的形狀和大小會依種類不同而異，種類包羅萬象，有的呈現球狀，有的呈扇形往外伸展，也有像電線桿一樣往上生長的。

仙人掌看起來像是沒有莖部和葉子，但其實長得像扇子或電線桿的部位就是莖部，也會從莖部開花（仙人掌鮮少開花）。

仙人掌外表長有多數堅硬的細刺，這些細刺是葉片退化而成。也就是說，仙人掌為了保護自己不被動物捕食，而在外表形成細刺。

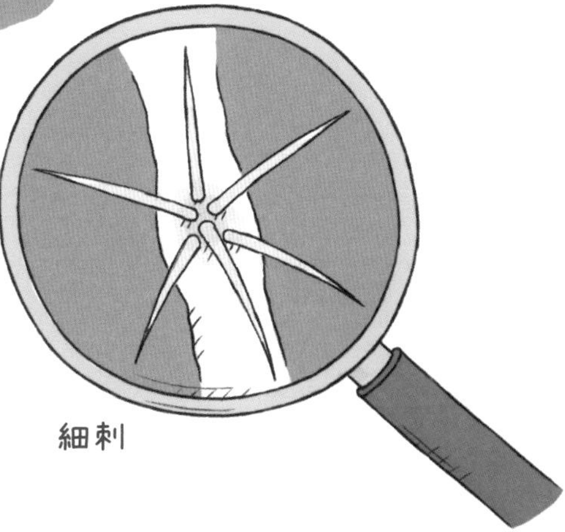

南瓜的莖
會捲成像彈簧一樣

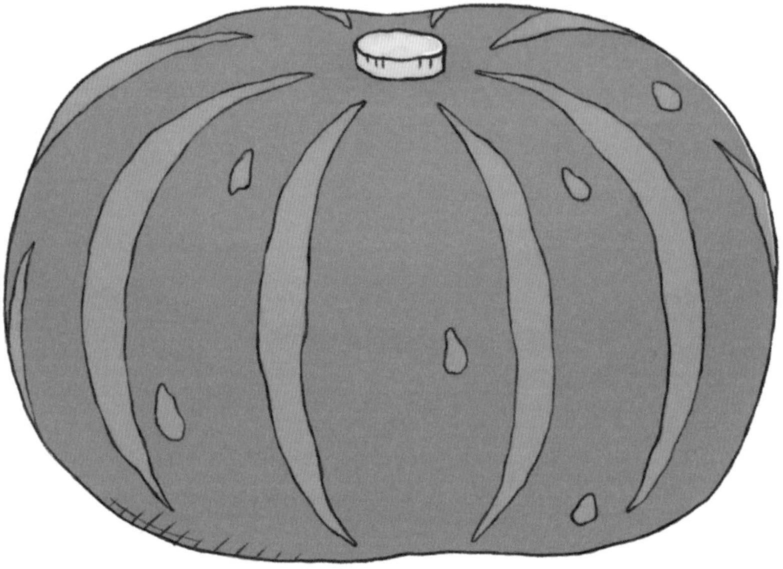

葫蘆科

奇特度 1

分布地 原產於美洲大陸。

大小 草高5m～15m

重點筆記 只要不切開，南瓜可以在常溫下保存好幾個月。

冷知識 南瓜的種子（南瓜子）也會被視為堅果類食用。

南瓜屬於葫蘆科的蔓性植物，其碩大的果實可以食用，所以在世界各地受到廣泛栽種。近來，人們得知人類早在8000年到1萬年前，就開始栽種南瓜。

南瓜會從藤蔓長出像彈簧一樣卷鬚，在四周的植物或結構物上攀爬生長。南瓜的雄花和雌花會各自分開生長，並借助昆蟲的力量進行授粉。因此，如果種植南瓜的環境沒有什麼昆蟲，就必須採用人工授粉了。

南瓜的果實含有豐富的維生素A、維生素C以及維生素E，營養滿分。人們也經常利用南瓜來製作南瓜派或布丁等甜點。

如彈簧般捲起的南瓜藤蔓

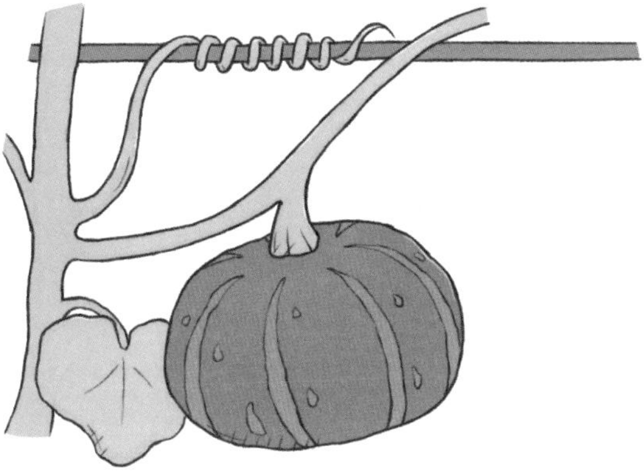

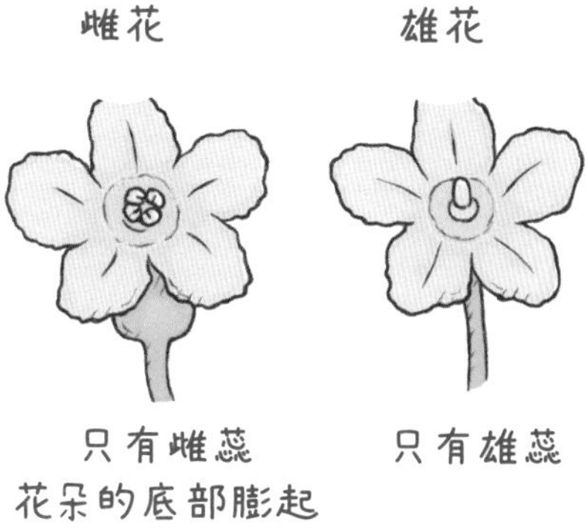

紫萼路邊青的花朵

會謙虛地低下頭

紫萼路邊青屬於薔薇科的多年生草本植物，原產於北美洲。它是一種高山植物，分布於海拔2100公尺以下的潮溼草地、森林或河畔等地方。

3月到5月之間，紫萼路邊青會朝向地面開出形狀像「風鈴」的花朵。風鈴形狀的花朵，加上葉子與白蘿蔔葉長得相似，所以在日本被取名為「風鈴大根草*」（註：大根為日語的「白蘿蔔」）。紫萼路邊青作為觀賞植物也是相當受歡迎，只是目前還不清楚為什麼會朝向地面開花。或許它是一種很謙虛的植物呢！

冷知識　只有紫萼路邊青會朝下開花，其同類植物都是朝上開花。

冬天
葉子像在地面組成蓮座一樣平坦生長

花朵凋謝後的模樣

紫萼路邊青是一種高山植物，所以天生不怕寒冷，但因為怕熱，所以夏天時要特別小心照顧。

薔薇科　奇特度 2

分布地 廣泛分布於北美洲和亞洲。

大小 草高20cm～30cm

重點筆記 日本的園藝店大多會以學名「*Geum rivale*」來稱呼紫萼路邊青。

蟻巢木是靠著螞蟻的糞便和剩食來攝取養分

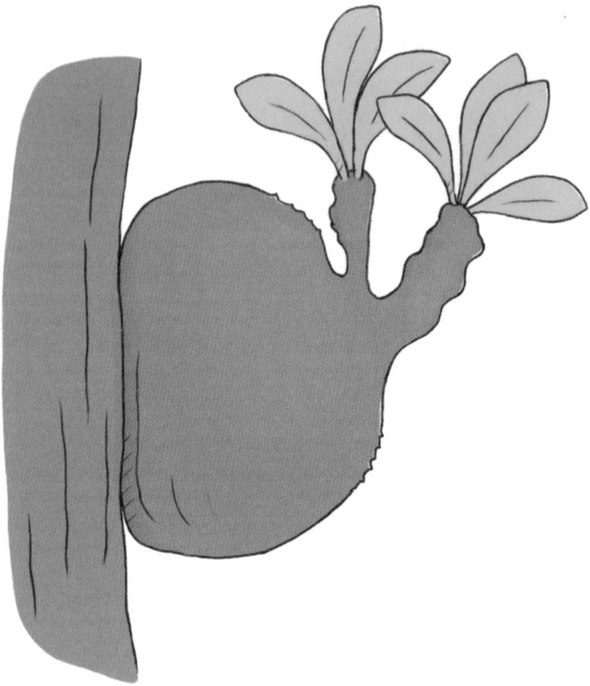

蟻巢木屬於茜草科的附生植物。蟻巢木不會長在地面，而是會附生於其他較高樹木的樹幹上成長。外型特徵在於樹幹的根部大大膨起，內部則有許許多多的空洞，而螞蟻會利用這些空洞作為「巢穴」。

由於蟻巢木是在缺乏養分的環境下生長，因此會從螞蟻的糞便和吃剩的食物中攝取養分。蟻巢木膨起的部位表面帶有細刺，看上去就像一座堡壘，所以在日本被取名為「螞蟻堡壘」。

像蟻巢木這樣「與螞蟻共生的植物」，被稱為適蟻植物。

冷知識　蟻巢玉與蟻巢木同樣是屬於茜草科的適蟻植物。

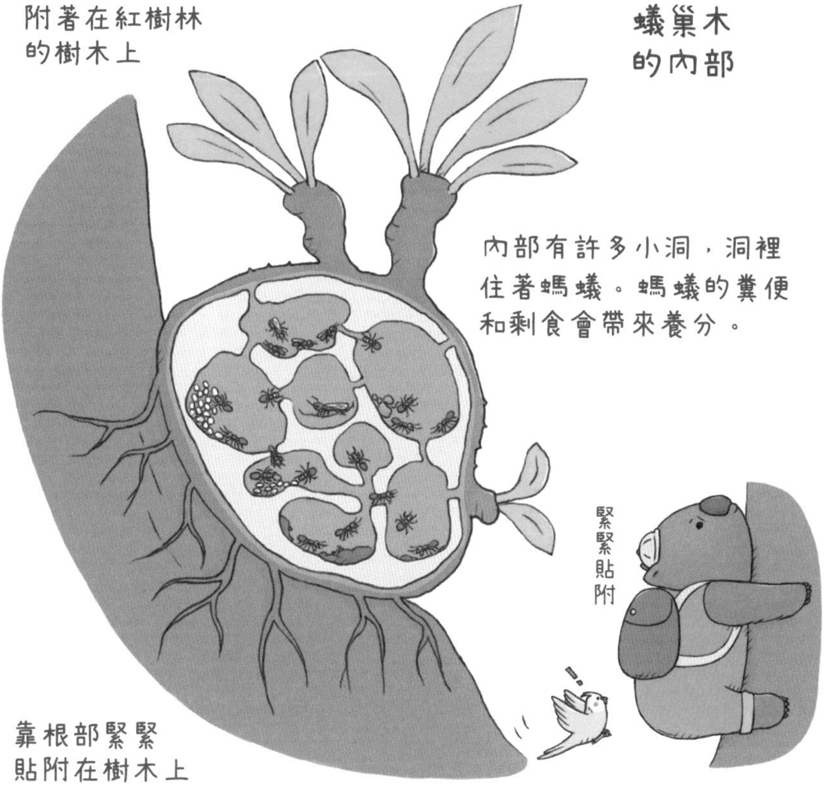
附著在紅樹林
的樹木上
蟻巢木
的內部
內部有許多小洞，洞裡
住著螞蟻。螞蟻的糞便
和剩食會帶來養分。
緊緊貼附
靠根部緊緊
貼附在樹木上

物，全世界約存在有500種類的適蟻植物。

茜草科　奇特度 3

分布地 分布於東南亞到大洋洲。

大小 樹高20cm～80cm

重點筆記 在日本，蟻巢木也會被視為觀賞植物販售。

刺蓼的名字很不討喜，花朵卻美極了

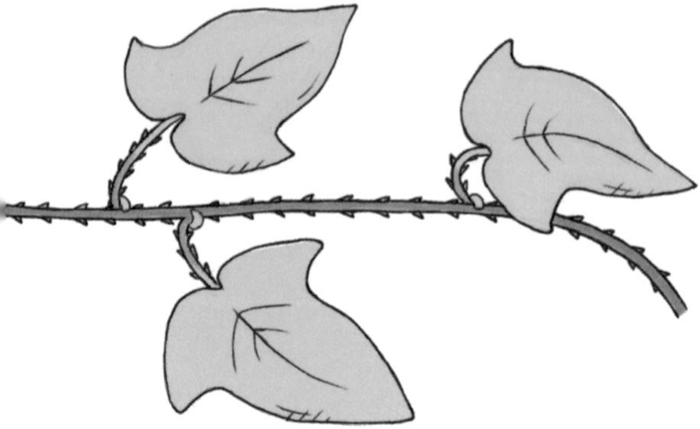

刺蓼屬於蓼科的一年生草本植物，全日本的草地、路邊或溼地都可以看見自生的刺蓼（註：在台灣低、中中海拔山區可見。）。刺蓼會攀附在其他草木上，並伸長具有蔓性的莖部。

刺蓼的莖部長滿了堅硬的尖刺，葉子上也有尖刺。在日本，因為聯想到繼母在欺負繼子時，會使用刺蓼的多刺莖部和葉子來幫繼子擦屁股，所以被取名為「繼子的擦屁股草」，好殘忍啊～

刺蓼在5月到10月之間會開出討人喜歡的粉紅色小花。

相較於帶有尖刺的莖部和葉

冷知識　刺蓼的尖刺和花朵形成強烈的對比，其花語是「人不可貌相」。

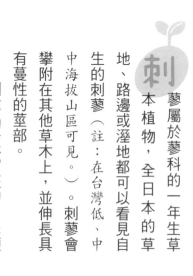

子，刺蓼的花朵長得溫和，形成了強烈的對比。

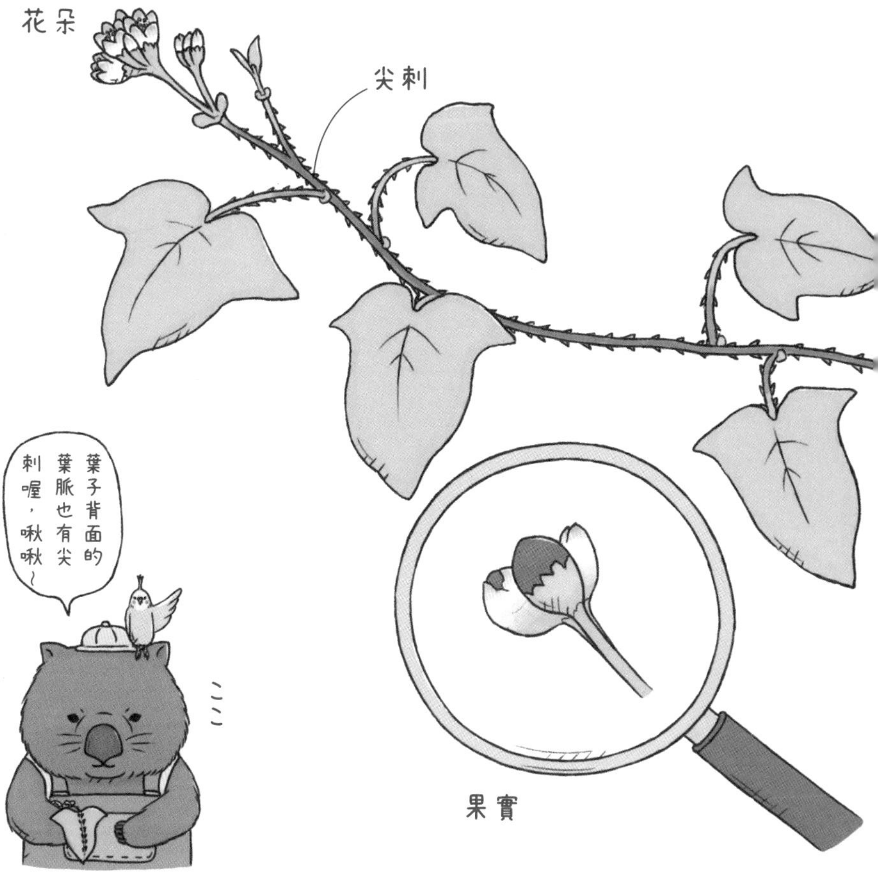
花朵
尖刺
葉子背面的葉脈也有尖刺喔，啾啾～
果實

蓼科　奇特度 1

分布地 分布於東亞的中國、朝鮮半島到全日本。

大小 草高1m～2m（蔓性）

重點筆記 刺蓼的別名稱為「蛇不鑽」。

為了想吃香蕉而在院子裡栽種的話，當心變成巨無霸香蕉樹

香蕉屬於芭蕉科的多年生草本植物，也是大家所熟悉的熱帶水果。香蕉原產於東南亞，過去普遍認為「台灣是栽種香蕉的北方界線」，但現在市面上開始會看到日本栽種的香蕉。

一旦結出果實後，香蕉樹就會枯萎，但其根部會長出好幾株幼苗，再慢慢發育長大。有些幼苗最後會發育成巨無霸，成長到將近10公尺高，萬一是種在院子裡，那可就有得頭痛了！

香蕉果實具有營養，有些地區不會只把香蕉視為甜點直接生吃，而是視為主食食用。

冷知識　在日本，園藝學將木本植物分為果樹，草本植物分為蔬菜，而香蕉屬於多年生草本植物，所以被分為蔬菜。（註：在台灣則是屬於例外，仍是屬於水果）

香蕉的花朵
真正的分類是蔬菜
（註：在台灣分類上仍是屬於水果）

要小心
別吃過量……

香蕉樹的大葉子也會被利用為烹調器具或餐具。

芭蕉科

奇特度 2

分布地 原產於東南亞。

大小 高度2m～8m

重點筆記 香蕉可大致分為甜度較高的鮮食種類，以及澱粉較多的烹煮種類。

Column 奇妙的香蕉

野生香蕉帶有種子

我們平常吃的香蕉沒有種子，對吧？果實竟然沒有種子，你不覺得很奇妙嗎？事實上，野生香蕉是帶有種子的。原因就出在染色體數量的不同。

野生香蕉為帶有兩套染色體的二倍體，在形成種子時，染色體會分成一半而變成二套。不過，人們會栽種來吃的香蕉為帶有三套染色體的三倍體，三倍體無法分成一半，因此無法形成種子。供食用的香蕉因為無法形成種子，所以必須以分株的方式來增生。

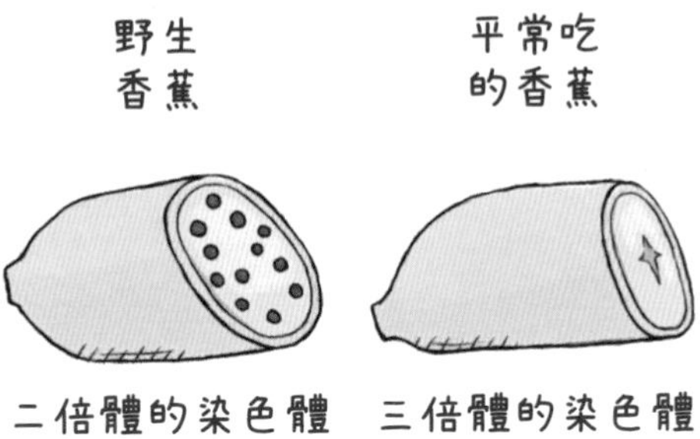
野生香蕉
平常吃的香蕉
二倍體的染色體
三倍體的染色體

同一根香蕉也會因為部位不同而有甜度上的差異

即使是同一根香蕉，甜度也會因為部位不同而有所差異。當中**最甜的部位是前端部位**（剝開香蕉來吃時，位在最下方的部位）。造成甜度差異的原因就出在香蕉的果實生長方式。

香蕉的果實一開始會朝下生長，但等到距離花序軸較遠的部位（前端部位）開花後，果實會為了接受日曬而朝上彎起，並進行光合作用。

進行光合作用後，香蕉會開始製造糖分，因此**開出花朵的那一端（距離花序軸較遠的前端部位）會變得最甜**。剝皮後只要照平常的吃法從上方吃起香蕉，就能夠在吃下最後一口時品嘗到最甜的部位。

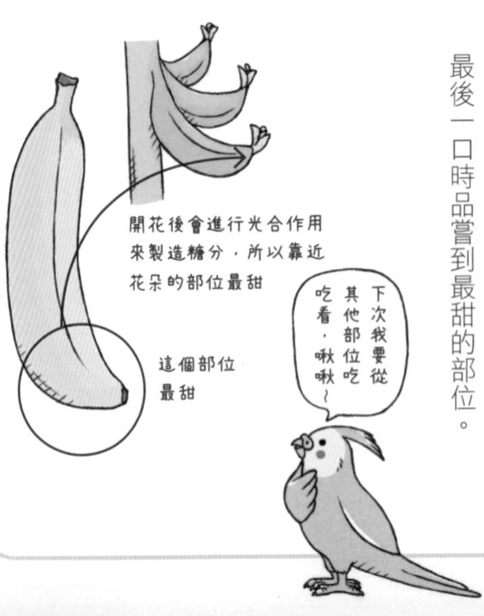
開花後會進行光合作用
來製造糖分，所以靠近
花朵的部位最甜
這個部位
最甜
下次我要從
其他部位吃
吃看，啾啾~

第4章

把動物吃下肚的植物

山椒魚也是紫瓶子草的食物

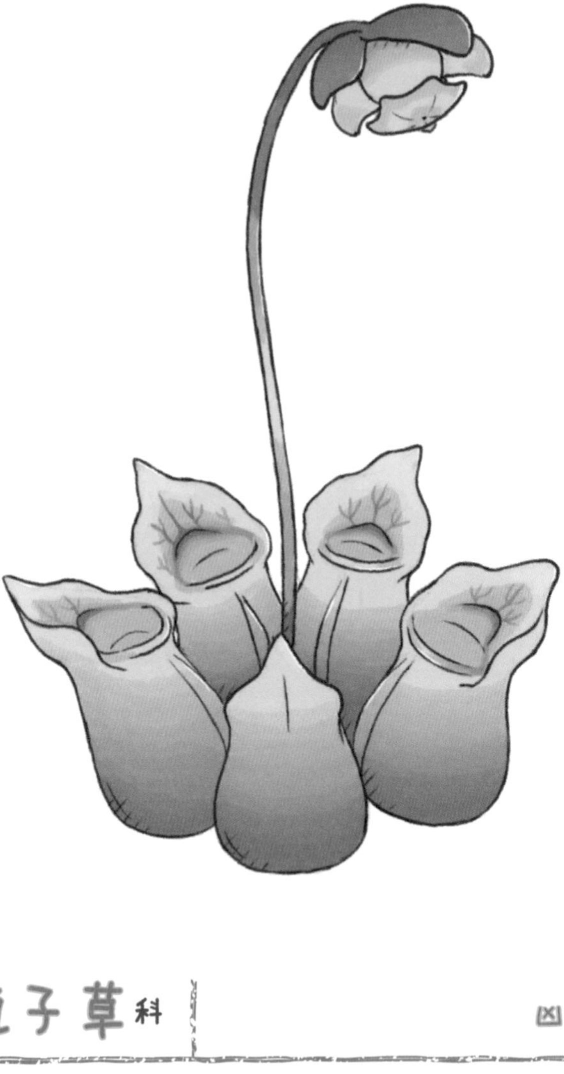

瓶子草科

凶狠度 3

分布地 分布於北美東岸全區、五大湖區到加拿大。

大小 草高15cm～70cm

重點筆記 紫瓶子草葉子內部所儲存的水分含有消化酵素。

冷知識 紫瓶子草所生長的土壤缺乏氮素，所以會捕捉昆蟲來補充氮素。

紫瓶子草是一種主要在北美東岸全區可看見的多年生草本植物。

紫瓶子草和豬籠草一樣都會長出囊狀的葉子，屬於陷落式的食蟲植物，昆蟲一旦掉進陷阱裡，紫瓶子草就會加以分解吸收。不只有昆蟲，目前已得知山椒魚的幼體也是紫瓶子草的食物。山椒魚的幼體與人類的手指差不多大，據說紫瓶子草的陷阱可以抓到兩條以上的幼體。

紫瓶子草的葉子長度約30公分，直徑為5～10公分。葉子帶有網狀的紫色條紋，簡直就像布滿了血管。紫瓶子草會開出桃紅色或暗紅色的花朵，外表看起來就顯得毒性十足，但還是有人鍾愛紫瓶子草而當成觀葉植物。

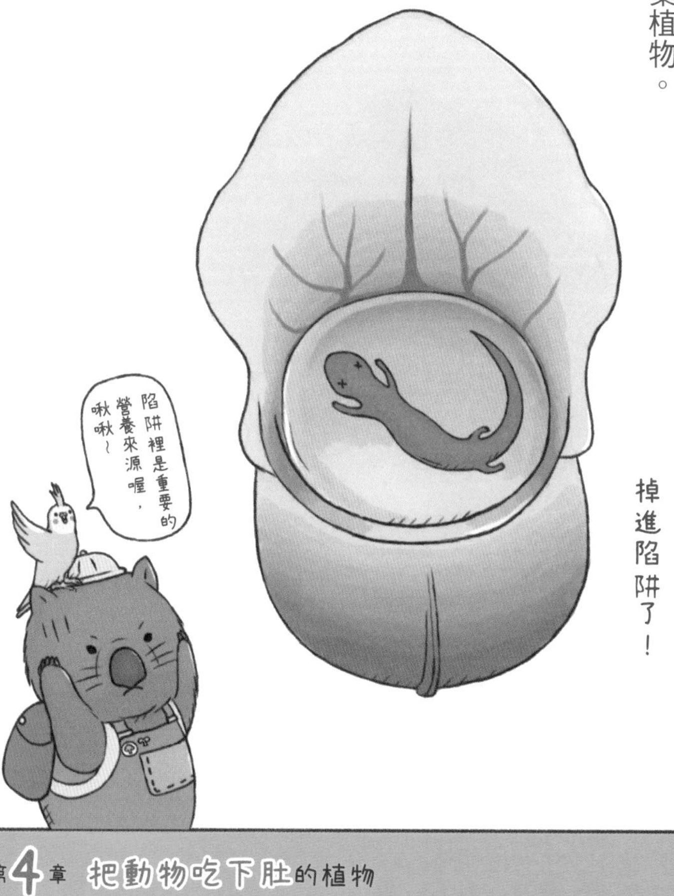
掉進陷阱了！
陷阱裡是重要的營養來源喔，啾啾～

一旦掉進豬籠草的籠子裡，連老鼠也會難逃一劫而慘遭分解

豬籠草科

凶狠度 3

分布地 廣泛分布於東南亞。

大小 莖高4m～15m

重點筆記 豬籠草的捕蟲囊形狀會依生長位置不同而改變，靠近根部的捕蟲囊大多長得胖嘟嘟，上方的捕蟲囊則大多長成喇叭狀。

冷知識 豬籠草是使葉子的前端拉長膨脹來形成捕蟲囊。

豬籠草屬於具有蔓性的食蟲植物，也是出名的陷落式食蟲植物，會利用葉子變形而成的捕蟲囊來捕捉昆蟲。

捕蟲囊的開口部位平順滑溜，並且有朝向內側延伸的條紋，昆蟲如果在這裡腳步打滑，就會掉進捕蟲囊。捕蟲囊的內壁呈現蠟質，十分滑溜，這樣的構造使得掉進陷阱裡的昆蟲無法逃出。掉進陷阱裡的昆蟲會被消化液分解，最後化為營養被吸收。

豬籠草有各種不同種類，當中有些種類的捕蟲囊直徑達30公分，不僅昆蟲，就連老鼠等小動物也會被吃下肚。

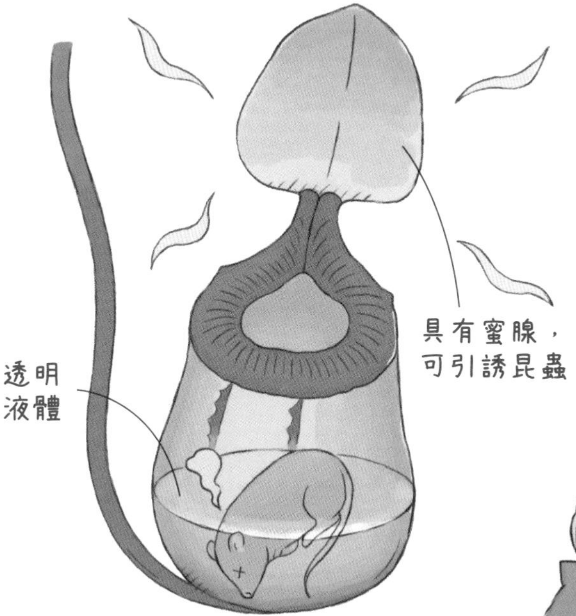

老鼠掉進陷阱裡也逃不出來

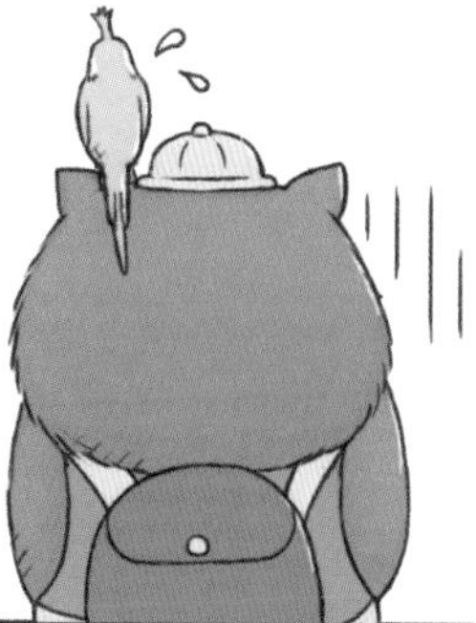

狸藻會像吸塵器一樣把昆蟲捕來吃

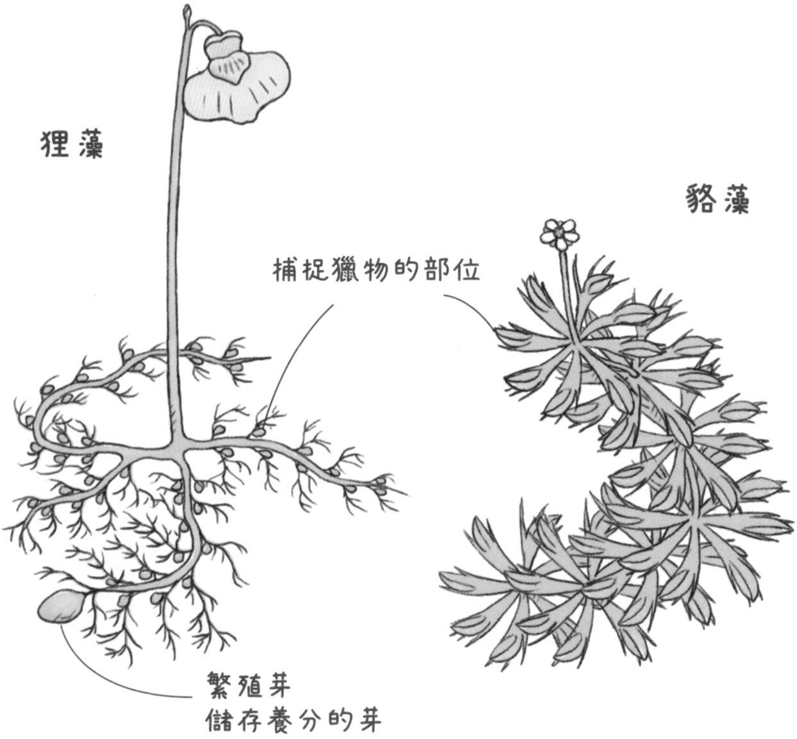

狸藻科

凶狠度 2

分布地 分布於南極以外的世界各地湖沼和溼地。

大小 莖長50cm～100m

重點筆記 狸藻會開花結果（註：雖然偶有些多倍體種類可能不結果）

冷知識 接近秋季尾聲時，某些狸藻的莖部和葉子會腐爛枯萎，長出葉片合抱成一團的休眠芽，在水底度過冬天。

狸藻屬於多年生的食蟲植物，會漂浮在水池、沼澤、水田等水面上，只讓花梗伸出水面。狸藻沉在水中的葉子形狀與「狸貓尾巴」十分相似，所以被稱為狸藻。

狸藻會在水中形成許多可捕捉到昆蟲、呈現囊狀的捕蟲囊，這些捕蟲囊可以從扁塌的狀態膨脹鼓起，彷彿抽真空器般一股勁地吸入水分。這時後，除了水分之外，也會把水蚤或是蟎蟲等嬌小生物一起吸入捕蟲囊中，最後加以消化、吸收。狸藻的捕蟲囊雖然只有1～6毫米左右的大小，但能夠透過如此動作俐落的機制，有效率地捕捉昆蟲。

狸藻　吸入獵物的囊袋

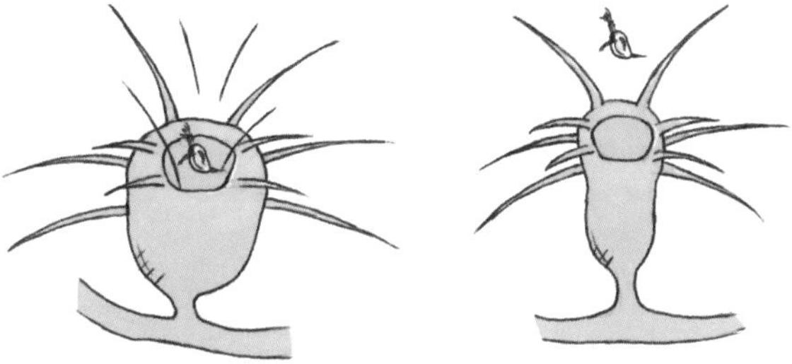

捕食時的狀態　　正常狀態

觸發毛被觸摸到時，就會打開囊口讓水分流入。
之後會吐出水分，恢復正常狀態。

兩個的捕蟲方式不一樣喔，啾啾～

貉藻　捕捉獵物的葉子

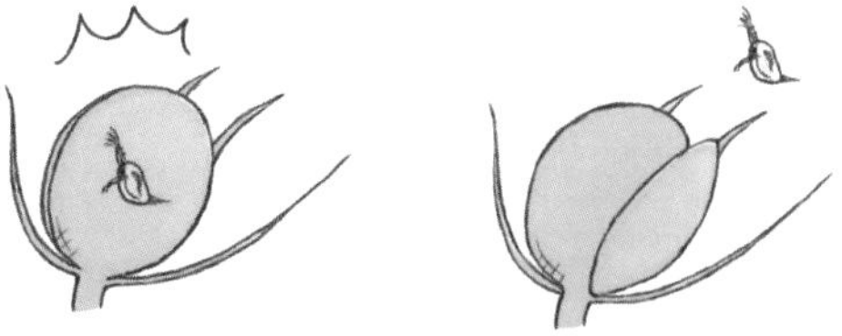

捕食時的狀態　　正常狀態

為了分辨不是恰巧有水滴滴落，捕蠅草會在受到第二次刺激時才捕捉昆蟲

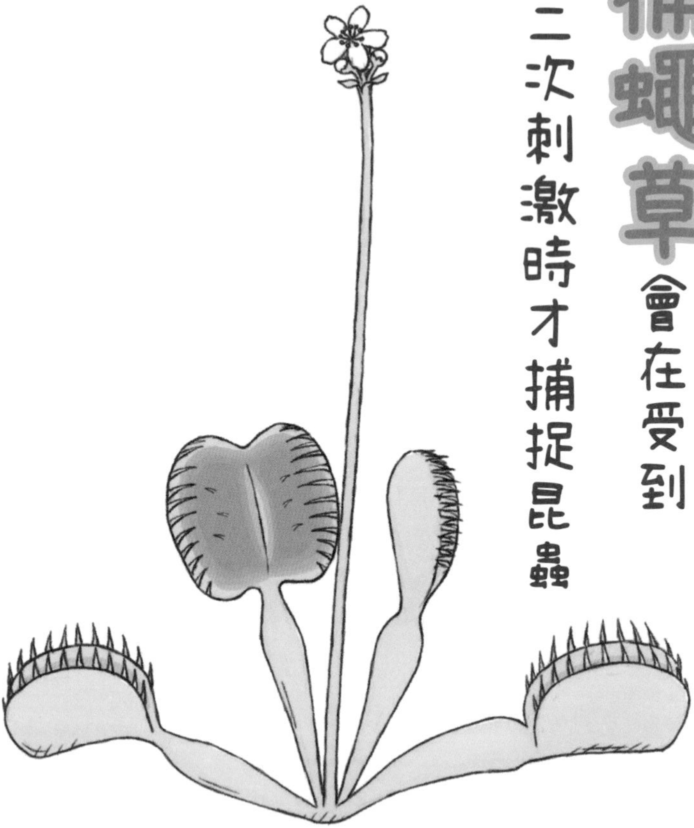

茅膏菜科

凶狠度 2

分布地 原產於美國東南部。

大小 草高5cm～10cm

重點筆記 捕蠅草的葉子可分為攤開在地面的「蓮座型」，以及葉子朝上伸展的「直立型」。

冷知識 不要動不動就觸摸捕蠅草的葉子，不然會害得植株疲累而變得脆弱，

捕蠅草屬於茅膏菜科的食蟲植物，高度偏矮，草高為5～10公分，並且長有外形像扇貝的叢生葉。捕蠅草的葉子邊緣長滿刺毛，內側各有三根細毛。

這些細毛能夠發揮如感應器般的作用，只要昆蟲碰觸到細毛兩次，原本張開的葉子就會在約0．5秒內合起葉子。葉子合起後，兩側邊緣的刺毛也會交互扣合，像「監獄牢房的鐵籠」一樣關起獵物。蒼蠅等昆蟲被關在葉子裡後，葉子會分泌出消化液，再花上好幾天的時間分解昆蟲，最後加以吸收作為養分。捕蠅草也是受人喜愛的觀賞植物，可以利用盆栽來栽種。

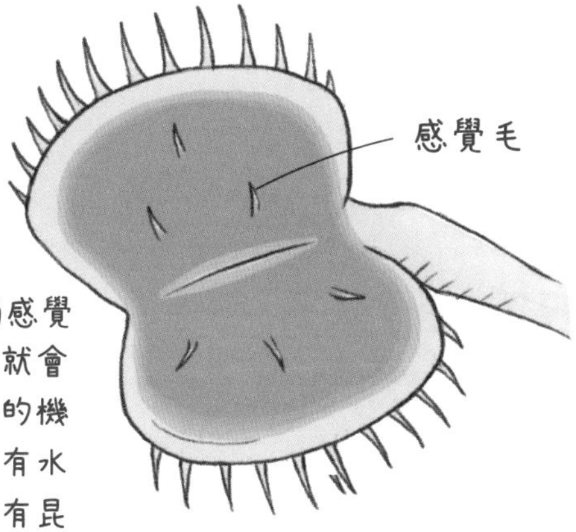
感覺毛

短時間內碰觸感覺毛兩次，葉子就會合起來。這樣的機制是為了辨別有水滴滴落，還是有昆蟲動來動去。

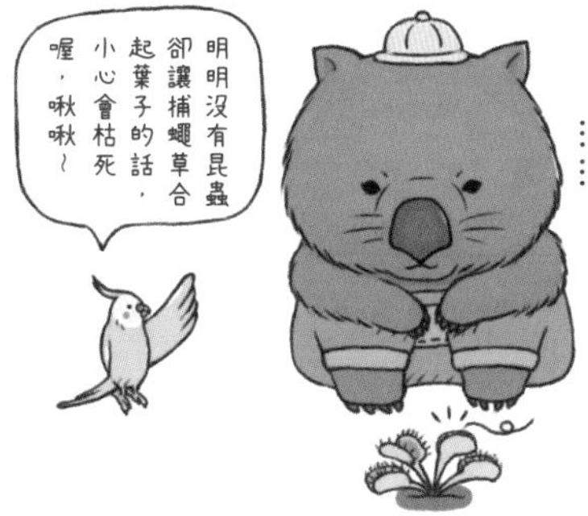
明明沒有昆蟲卻讓捕蠅草合起葉子的話，小心會枯死喔，啾啾～
……

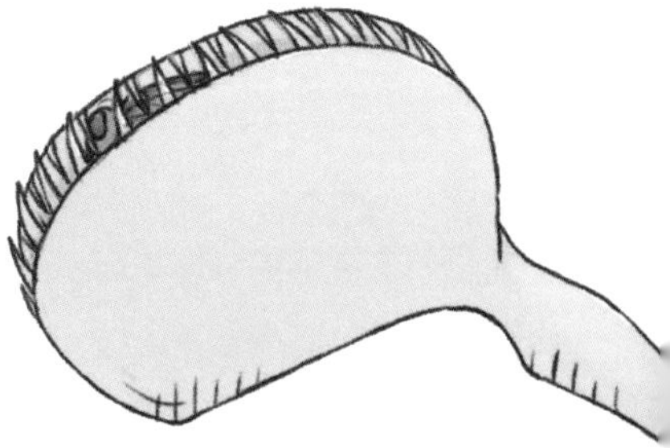
被關起來了！

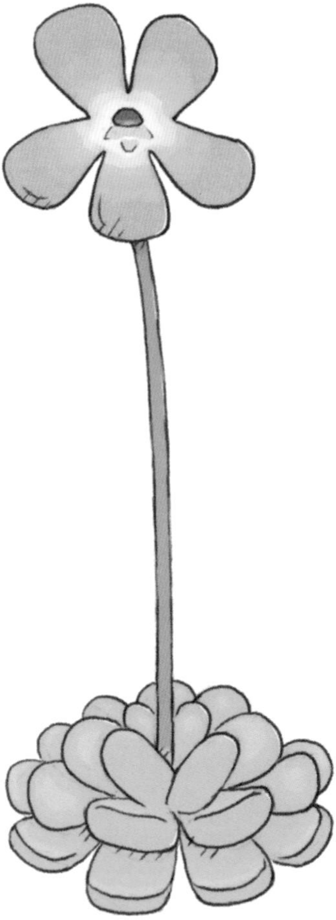

捕蟲堇

會利用黏答答的葉子黏住昆蟲不放

狸藻科

凶狠度 2

分布地 分布於廣泛分布於南北美洲、歐亞大陸北部及南亞、日本北海道、本州紀伊半島、中部山脈以北。

大小 草高20m～30m

重點筆記 較常見栽培的捕蟲堇，有北美東岸原產的溼地型的種類，以及大多具冬眠性的墨西哥種類。

冷知識 比起撒種子來栽種捕蟲堇，採用葉插或分株的方式來栽種會比較容易增生。

捕蟲堇屬於狸藻科的食蟲植物。在日本，從北海道到四國的高山都可以看見自生的捕蟲堇。捕蟲堇會在6月到8月之間開出像極了堇菜的紫色或白色可愛花朵，因此被稱為捕蟲堇。

捕蟲堇和蒲公英一樣，葉子會在根部呈蓮座狀往外生長。蓮座狀的葉子表面覆蓋著滿滿的細毛，細毛上帶有黏答答的黏液珠，捕蟲堇會利用黏液讓昆蟲無法動彈，並且加以消化、吸收。

捕蟲堇的外表楚楚可憐，所以也是相當受人喜愛的觀賞植物，但栽種的難度偏高。

蓮座狀的葉子

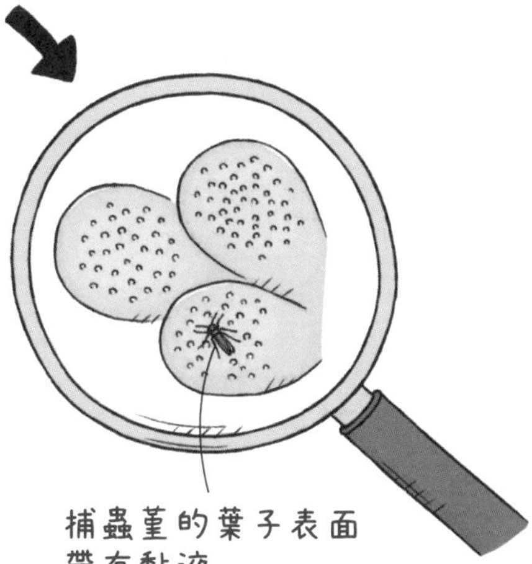

捕蟲堇的葉子表面帶有黏液，可使得昆蟲動彈不得

花朵長得很像堇菜喔，啾啾～
蟲蟲被黏住了……

圓葉茅膏菜會把捕捉到的昆蟲捲起來，再加以分解消化

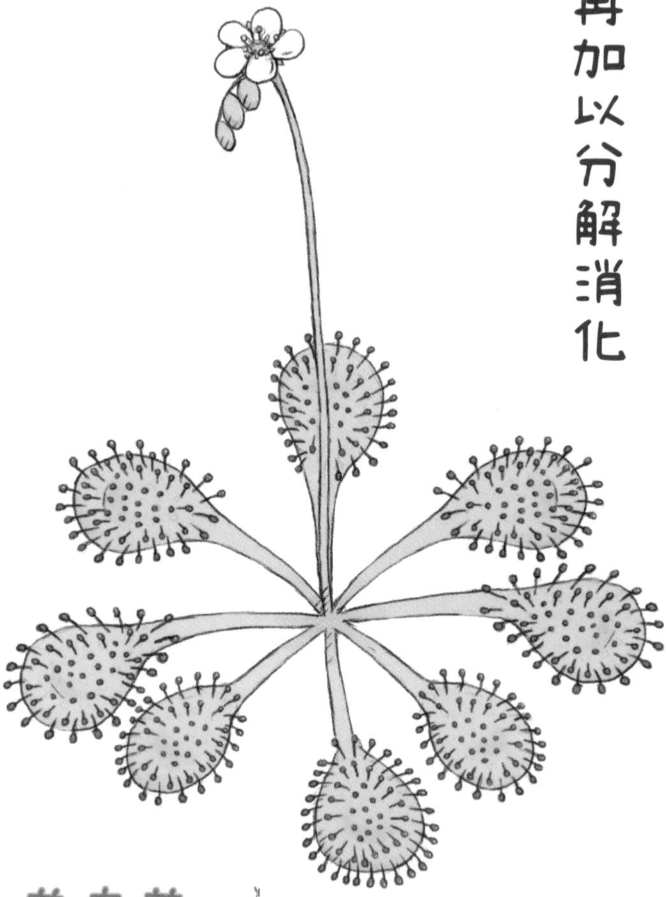

茅膏菜科

凶狠度 2

分布地 廣泛分布於北半球的高山和寒冷地區。

大小 草高6cm～20cm（國外甚至有高達1m的圓葉茅膏菜）

重點筆記 圓葉茅膏菜具有藥效，其葉子乾燥後熬煮來喝，可對支氣管炎或氣喘發揮效用。

冷知識 圓葉茅膏菜的英文名稱因其外表而被稱為「sundew」（太陽之露）。

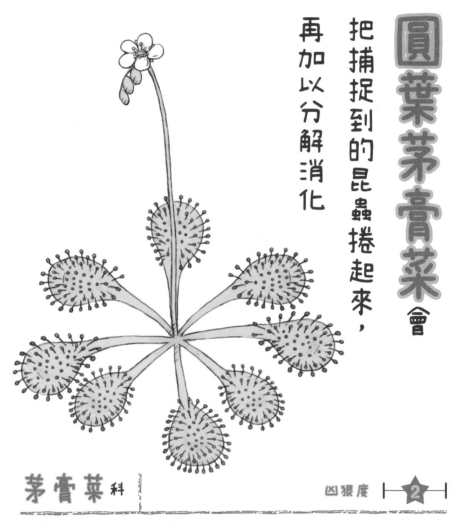

在大多有著恐怖外表的食蟲植物當中，圓葉茅膏菜是一種既珍貴又美麗的多年生草本植物。圓葉茅膏菜廣泛分布於北半球的高山和寒冷地區的溼地，在日本，被多數縣市列為瀕危物種。

圓葉茅膏菜的葉子表面長滿了腺毛，並且會從腺毛前端分泌出香甜的黏液。被香甜氣味吸引過來的昆蟲沾到黏液後，圓葉茅膏菜會捲起葉子和腺毛包住昆蟲，使得昆蟲無法逃脫。

在那之後，圓葉茅膏菜的葉子腺毛會分泌出消化液，把包住的昆蟲分解到只剩下軀殼。圓葉茅膏菜雖然有著美麗的外表，但對昆蟲來說，可是相當可怕的植物。

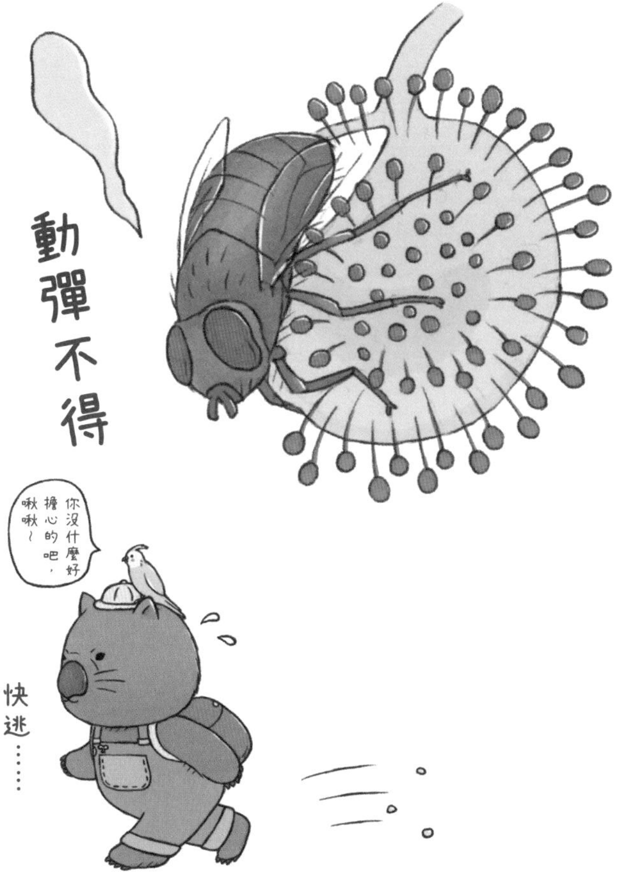

不說你不知道！

向日葵
憧憬

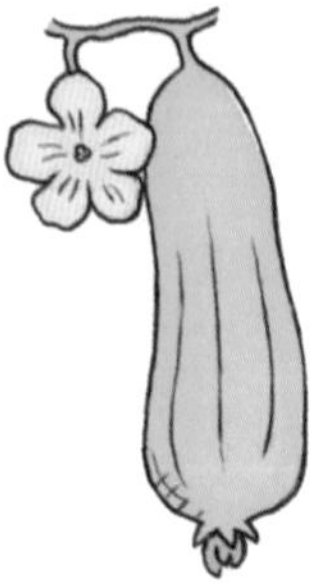

絲瓜
詼諧

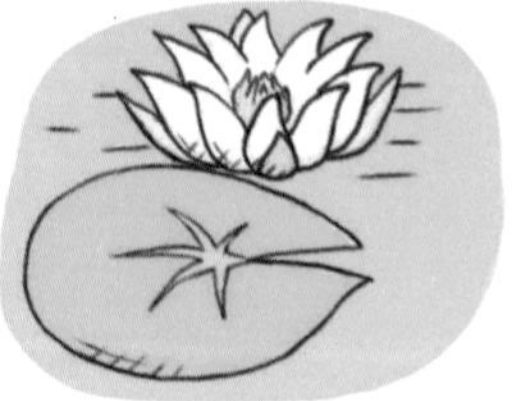

睡蓮
信賴

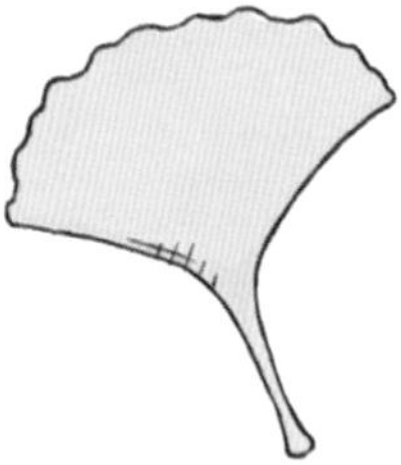

銀杏
長壽

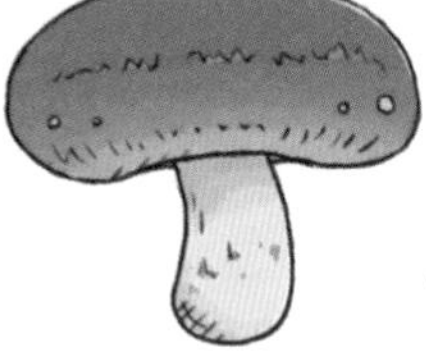

香菇
懷疑

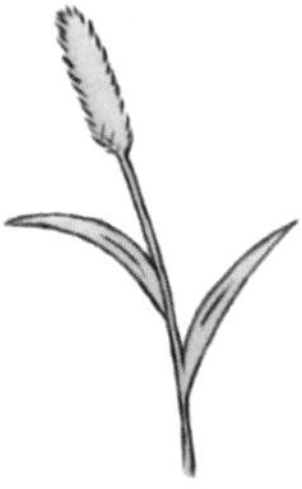

狗尾草
（貓仔尾）
玩耍

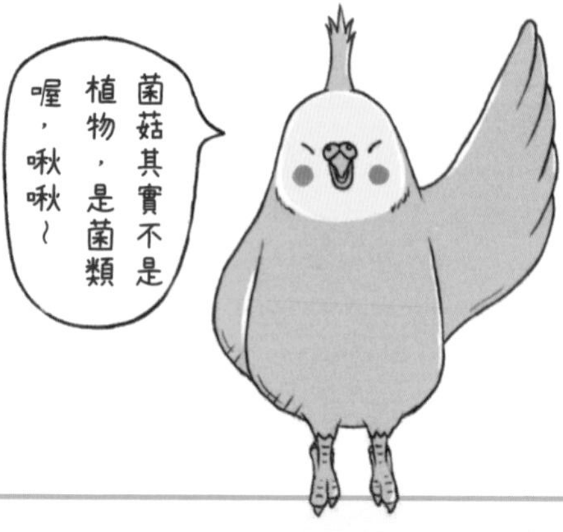
菌菇其實不是植物，是菌類喔，啾啾～

第5章

巧妙利用動物的植物

水晶蘭會利用蟑螂排便，到處散播種子來增生

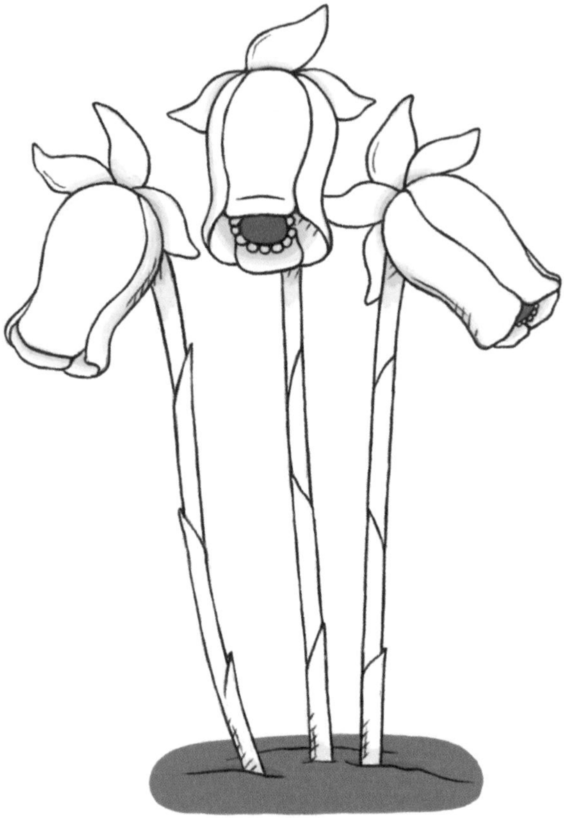

杜鵑花科

頑強度 2

分布地 廣泛分布於全日本、朝鮮半島、中國、台灣等地區。

大小 草高7cm～15cm

重點筆記 水晶蘭的種子在沒有細菌的環境下無法發芽。

冷知識 水晶蘭會在陰暗的森林裡悄悄現出白色身影，所以在日本又被稱為「幽靈菇」。

水晶蘭屬於杜鵑花科的多年生草本植物。水晶蘭不具有葉綠色，所以無法進行光合作用，是一種靠奪取菌類的養分來生存的寄生植物。水晶蘭只有在春天到夏天的短短兩個月間，會為了開花結果而從地面探出頭來。

水晶蘭的果實帶有果肉，以及多數堅硬的小小種子。不過，幾乎沒有動物會吃水晶蘭的果實。近來的研究發現住在森林裡、長得很像蟑螂的日本姬蠊會吃水晶蘭的果實，並且在排便時到處散播種子。也就是說，水晶蘭是靠著菌類和日本姬蠊的幫忙來進行繁殖。

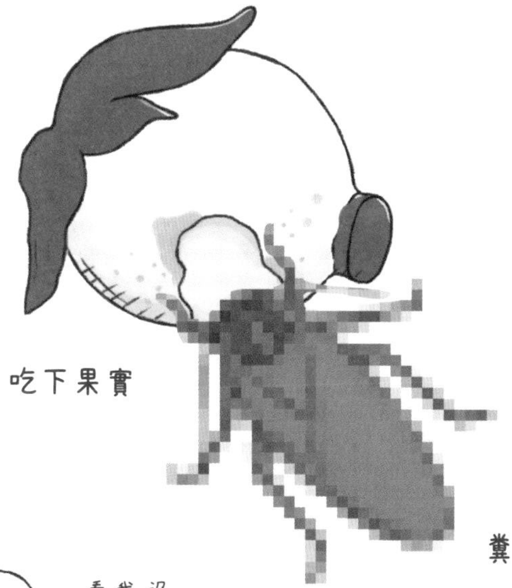
吃下果實
糞便裡含有種子

沒有光我也不怕。我要躲進暗處看看……
你在做什麼？啾啾？

花柱草可以在0.1秒內讓花粉黏在昆蟲身上

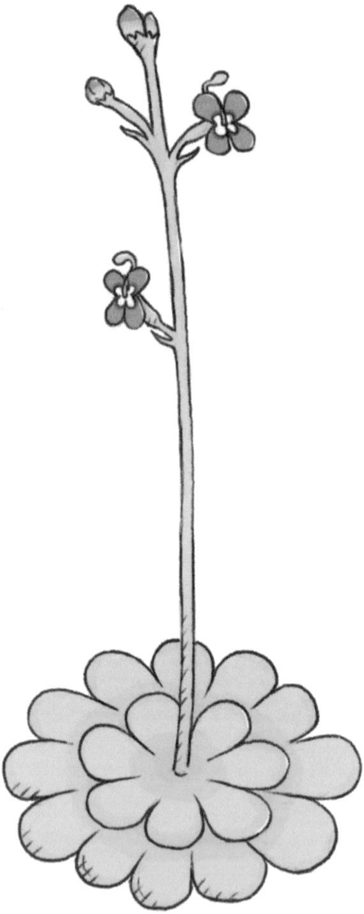

花柱草科

頑強度

分布地 自生於澳洲（註：澳洲之外，只有少數種類分布在亞洲其他國家）。

大小 草高20cm～30cm

重點筆記 花柱草約有300種的姊妹種，花朵的顏色也相當豐富。

冷知識 在日本，花柱草也會被稱為天使之錘、扳機草、擊錘草。

花柱草屬於常綠性的多年生草本植物。春天到夏天之間，花柱草會開出大小約1~2公分、淡紫色或粉紅色的可愛花朵。

花柱草的花朵會長出一根雄蕊與雌蕊合為一體的條狀部位，稱為蕊柱。

蕊柱平常會彎曲藏在花朵之中，等到昆蟲前來採花蜜而碰觸到花朵時，蕊柱就會迅速彈出來拍打昆蟲。昆蟲被蕊柱拍打後，身體會沾上花粉，花粉也就能夠確實被散播出去。

蕊柱的拍打動作約0.1秒，被形容是植物界最快速的動作。另外，因為蕊柱的動作就像在扣扳機，所以花柱草也被稱為扳機植物。

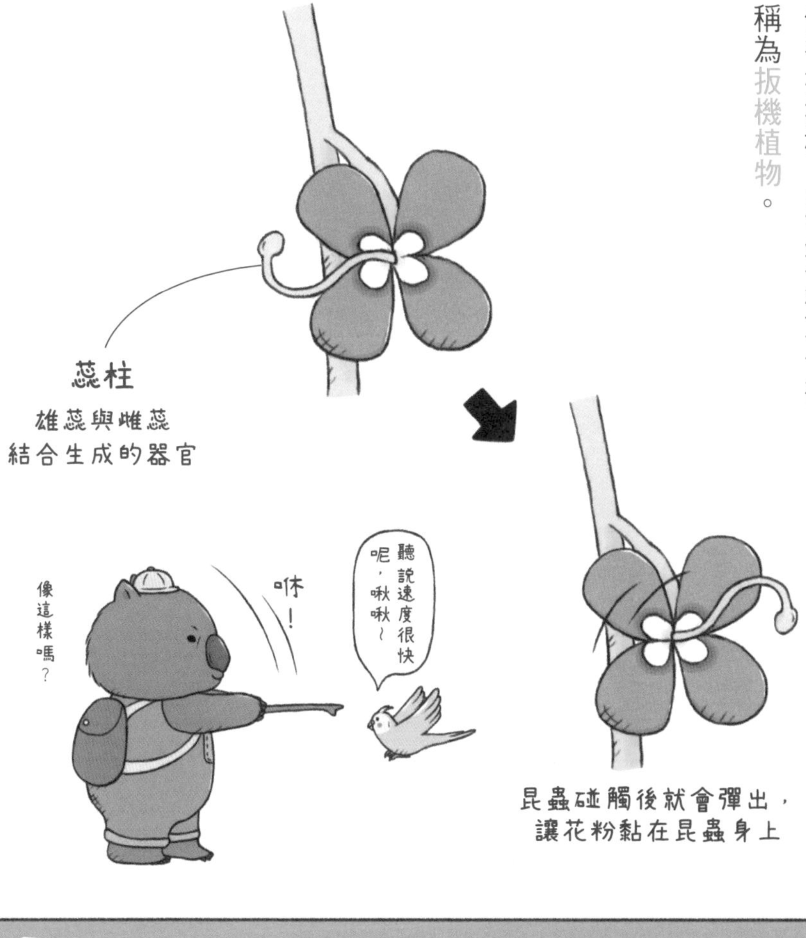
蕊柱
雄蕊與雌蕊
結合生成的器官
聽說速度很快呢，啾啾~
咻!
像這樣嗎?
昆蟲碰觸後就會彈出，
讓花粉黏在昆蟲身上

蜂蘭會偽裝成雌蜂來吸誘雄蜂

蘭科

頑強度

分布地 原產於歐洲西部。

大小 草高30cm～50cm

重點筆記 蜂蘭屬也有些種類花朵像蜘蛛，而被稱為蜘蛛蘭。

冷知識 蜂蘭不只有靠外表，也會靠氣味來吸引雄蜂。

蜂蘭屬於蘭科的多年生草本植物，會在4～5月之間開出桃紅色或紫色的花朵。蜂蘭的花朵下方有一個被稱為唇瓣、長得像嘴唇的部位，這個部位的形狀和顏色像極了雌蜂。蜂蘭的英文名稱為「Bee Orchid」，「Bee」代表蜜蜂、「Orchid」代表蘭花。蜂蘭會偽裝成雌蜂來引誘雄蜂，讓雄蜂幫忙運送花粉來完成授粉。

蘭科植物非常多樣化，被形容是進化最多的植物。蜂蘭會偽裝成雌蜂，也是一種讓自己存活下來的作戰方式。蘭科植物當中，也有許多偽裝成其它昆蟲以達成各種目的的蘭花。

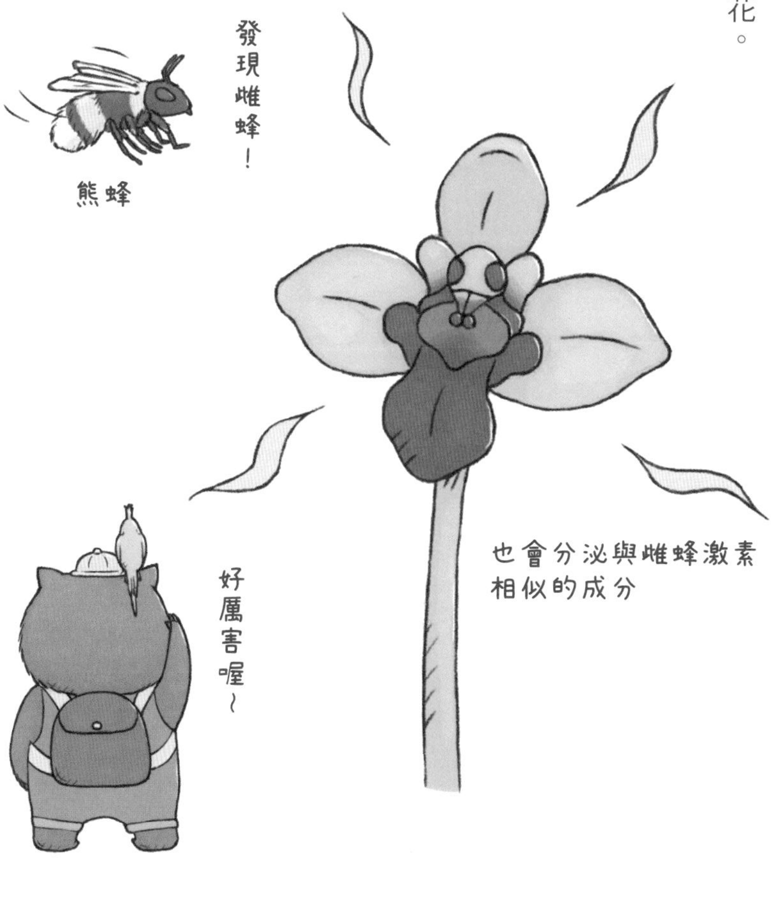

發現雌蜂！
熊蜂
也會分泌與雌蜂激素相似的成分
好厲害喔～

堇菜會提供點心給螞蟻，讓螞蟻把種子散播到遠處去

堇菜科

頑強度 2

分布地 北半球的溫帶地區。

大小 草高5cm～40cm

重點筆記 堇菜有許多相似種類以及姊妹種，一般大多不會加以區分而統稱堇菜。

冷知識 堇菜可供食用，其葉子會被料理成炸物或汆燙來吃，花朵會被做成醋漬料理。

菫菜屬於菫菜科的多年生草本植物，是一種到了春天就會在路邊開花的野草之一。菫菜會開出深紫色的花朵，也會被形容是「菫菜花色」。

菫菜花凋謝後，會結出果實。果實內的種子成熟時，果實外殼會呈現像賓士車標誌的模樣裂開成三瓣張開來，種子也會跟著彈出。彈出的每一顆種子都長有被稱為「油質體」的白色塊狀物。

螞蟻非常愛吃油質體，所以會把菫菜的種子搬回巢穴，等吃光油質體之後再把種子丟到巢穴外。菫菜就是以提供點心給螞蟻，讓螞蟻幫忙把種子運送到遠處去的方式不斷擴散繁殖。

油質體
螞蟻非常愛吃的食物
螞蟻搬回巢穴後，只會丟棄種子
加油！
加油！

西南衛矛對人類有毒，對鳥類卻是無毒

衛矛科

碉強度 2

分布地 日本、中國

大小 樹高3m～5cm

重點筆記 西南衛矛的嫩芽會被視為山菜食用。

冷知識 西南衛矛的枝幹非常強韌，自古以來就會被利用來製成弓箭。

西南衛矛屬於衛矛科的落葉灌木，自生於日本和中國的森林。西南衛矛會在5月到6月之間開出淡綠色的小小花朵。雖然西南衛矛的花朵不太顯眼，但到了10月～11月，花朵會結成淡紅色或白色果實，果實成熟後就會裂開成四瓣，讓裡頭的豔紅色種子探出頭來。

西南衛矛的美麗紅色種子看起來好吃，但其實含有對人類有毒的成分，吃了後會引發作嘔或腹瀉的症狀。西南衛矛的種子對鳥類無毒，大赤啄木鳥、褐頭山雀綠繡眼和棕耳鵯等鳥類會主動飛來吃種子，進而幫助繁殖。

西南衛矛的果實、種子和紅葉都十分美麗，所以也經常被作為庭園樹木或盆栽。

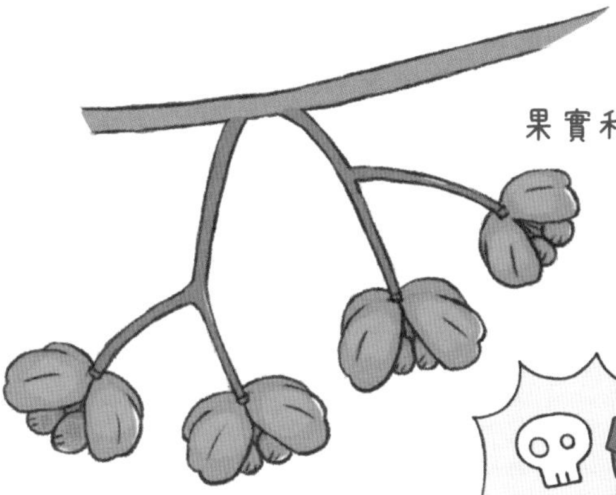

蜘蛛抱蛋會

長出像菌菇的花朵，來誘騙偏愛菌菇的昆蟲

天門冬科　頑強度

分布地 原產於日本九州南部。

大小 草寬20cm～100cm

重點筆記 蜘蛛抱蛋當中，也有被當成矮草栽種、用來美化庭園樹木根部地面的種類。

冷知識　日式便當用來裝飾的塑膠綠葉即是仿造蜘蛛抱蛋的造型。

蜘蛛抱蛋屬於天門冬科的多年生草本植物。蜘蛛抱蛋會靠著地下莖往外蔓延，並且從地面長出一根根直立的巨大葉子。蜘蛛抱蛋的葉子既薄又硬，而且帶有光澤，一直以來都會被利用作為日式料理的裝飾物。

每年到了5月左右，蜘蛛抱蛋會在貼近地面的位置，開出多肉質的紫色奇特花朵。以前一直認為蜘蛛抱蛋是靠著蛞蝓、端足類生物來運送花粉，但在2017年經過神戶大學未次健司先生的研究後，已查出是愛吃菌菇的蕈蚋在幫忙運送花粉。

蜘蛛抱蛋的花朵長得很獨特，看起來像是陷在地面之中，但其實是偽裝成菌菇的模樣。

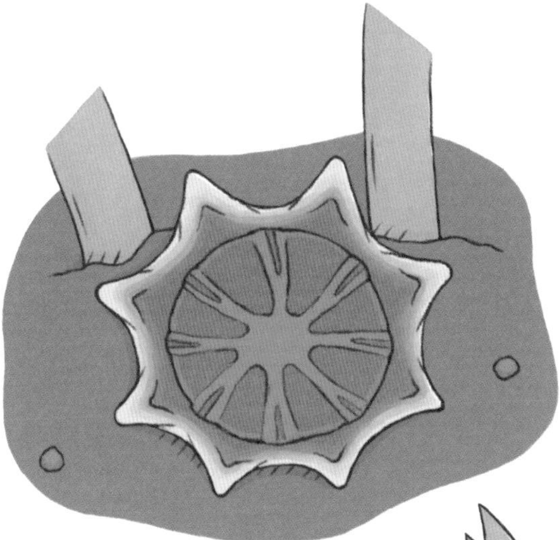

蜘蛛抱蛋的花朵

蜘蛛抱蛋的花開
在這種地方啊，
啾啾～

側金盞花會

把陽光聚集到花朵上，讓前來取暖的昆蟲幫忙運送花粉

毛茛科

頑強度

分布地 分布於日本北海道到九州的山地、草原。

大小 草高20cm～30cm

重點筆記 側金盞花作為吉祥物深受喜愛，人們從江戶時代（1603年～1867年）便栽培出許多園藝品種。

冷知識 側金盞花的葉子和根莖具有毒性，千萬不要誤食。

側金盞花屬於會在早春現身的多年生草本植物，也是告知春天到來的具代表性花卉。在早春開出黃色花朵後，側金盞花的地上部位會在夏天枯萎，就這麼一直待在地下直到隔年的春天。這種型態的花草被稱為春季短生植物。

側金盞花的花朵直徑有3～4公分，花瓣表面帶有光澤。因此，側金盞花能夠反射陽光，讓陽光聚集到雄蕊和雌蕊所在的花朵中心部位。

不僅如此，側金盞花的花朵還會像向日葵一樣向著太陽綻放，所以能夠有效率地聚集陽光。

側金盞花就是這樣透過讓花朵中心部位變得溫暖的方式，吸引食蚜蠅等昆蟲飛來幫忙授粉。

食蚜蠅
好溫暖啊～
含毒
跟蜂斗菜、魁蒿長得很像喔，啾啾～
遇到陰天或雨天時，會收起花瓣

臭菘會發熱融雪，好讓自己可以獨占昆蟲

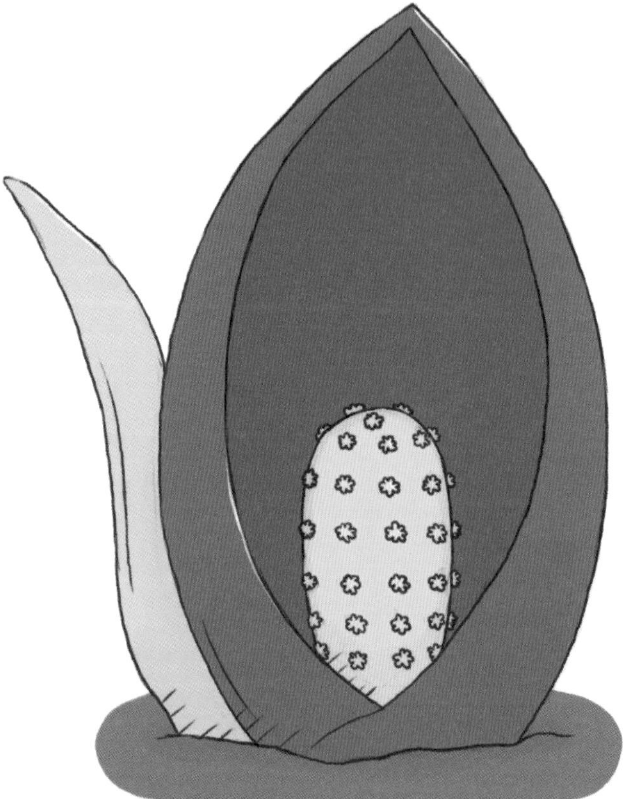

天南星科　頑強度 2

分布地 北美東部以及東北亞。

大小 草高約40cm

重點筆記 不論氣溫高低，臭菘都能透過發熱讓花朵控制在一定的溫度。

冷知識 臭菘的氣味難聞，英語被稱為 Skunk Cabbage（臭鼬白菜）。

臭菘屬於天南星科的多年生草本植物，生長在北美東部以及東北亞的溼地。臭菘的花期在1月下旬到3月中旬，這時花朵聚集而成的佛焰花序會發熱，使花朵溫度上升到約25℃。臭菘就是這樣透過發熱使四周的雪花或冰霜融化，搶先一步露出花朵，再一人獨占這時期為數不多的昆蟲，來提升授粉的機率。好一個內藏融雪暖氣機的植物，真是令人佩服！

臭菘的花朵由許多小花聚集而成，其形狀長得像打坐的和尚，所以也稱為坐禪草。從外包住花朵的茶褐色部位稱為佛焰苞，此部位是由原本包住花蕾的葉子變形而成。

蒼蠅等昆蟲
會主動靠近
溫度上升到
25℃左右
佛焰花序
開花時會發熱
臭菘的葉子
可惜不能當成暖爐來使用，啾啾～

Column

酪梨是人類的美食，對鳥類卻是劇毒

酪梨原產於熱帶美洲，屬於樟科的常綠喬木，並且會在11月到12月之間結出綠色的碩大果實。酪梨的果實具有豐富的營養，被形容是「森林中的奶油」。1970年代之前，日本的酪梨進口量少之又少，但從2000年開始流行吃酪梨後，進口量也隨之暴增。

酪梨的果實是一種可以讓人吃得津津有味，也有益健康的食物。不過，酪梨含有對人類以外的動物會帶來猛烈毒性的「酪梨素」成分。尤其是鸚哥、鸚鵡或文鳥等鳥類很怕酪梨素，如果不小心吃了就會中毒，甚至還有可能丟了性命。

實際上，也確實發生過加熱烹調酪梨時所產生的水蒸氣，導致家中飼養的鸚哥喪命的事件。

飼養寵物的朋友千萬要小心謹慎，別讓寵物誤吃了酪梨！

酪梨
加熱烹調中
身體不適的鸚哥
在膨羽了，趕快送去醫院，啾啾！
膨羽（指鳥類膨起羽毛）

第6章

不斷繁殖的植物

即使環境乾燥，**松樹**照樣可以繁殖

松

松樹是所有屬於松科松屬的樹木總稱，在日本以紅松和黑松最出名。

松樹的種子長在雌毬花的鱗片內面，而鱗片在軸上呈螺旋狀排列，整體形成一顆蛋形球。蛋形球的雌花被稱為松毬。松樹散播種子的方式會依種類不同，而有各種不同方式。紅松和黑松的散播方式是在松毬掉落地面之間，讓種子隨風飛散出去。

松毬的鱗片具有碰到水分時會合起、乾燥時會張開的特性。加拿大以及美國的明尼蘇達州、緬因州等地區會長出北美短葉松，當發生森林大火而

冷知識　從松樹樹皮所取得的松脂會被用來製作成手球的防滑膠，或被塗抹在絃樂器的琴弦上。

北美短葉松等松樹
種子因森林大火而飛散

可以把松毬丟進水裡看看喔，啾啾～

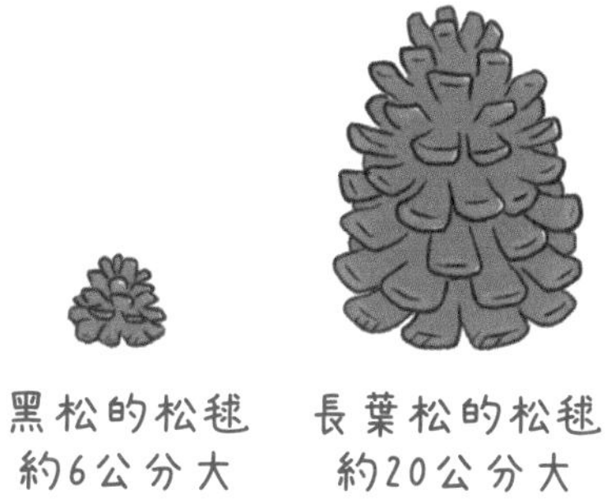
黑松的松毬
約6公分大
長葉松的松毬
約20公分大

使得空氣呈現高溫乾燥的狀態時，北美短葉松的松毬就會張開鱗片，讓種子散落一地。

松科

堅韌度 2

分布地 在自然界的分布地是從印尼到俄羅斯、加拿大的北極圈地區，而在南半球的澳洲、紐西蘭等地區也會種植。

大小 樹高數m～80m

重點筆記 松樹的種子稱為「松子」，可食用。

被人踐踏反而開心的

車前草

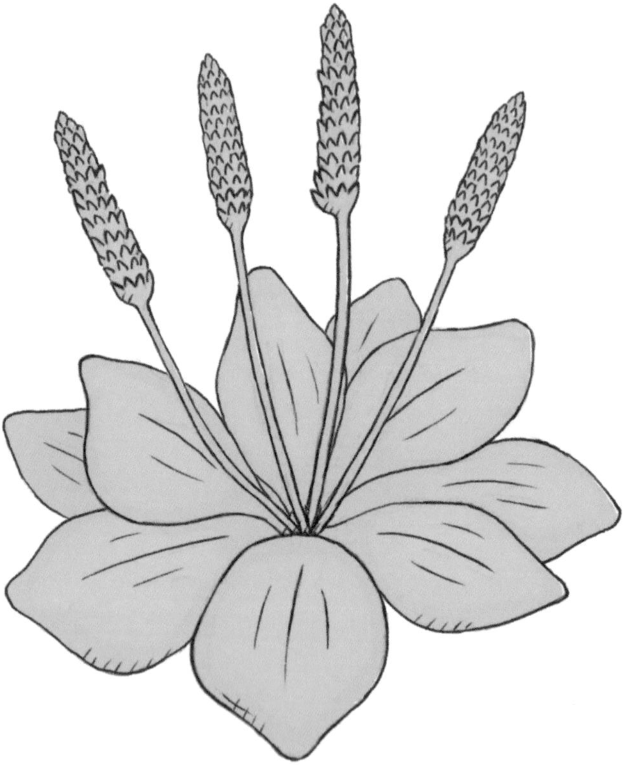

車前草科

堅韌度 3

分布地 以包含全日本在內的東亞地區為中心，廣泛分布各地。

大小 草高10cm～30cm

重點筆記 摘下兩根車前草的花莖互勾起來後，可以玩「車前草拔河遊戲」。

冷知識 車前草的葉子和種子可發揮止咳等藥效，嫩葉也可食用。

車前草屬於車前草科的多年生草本植物。在日本，從高地到平地的草原和路邊都可以看見自生的車前草，算是雜草的一種。車前草的特徵是，在雜草當中屬於尤其不怕被人踐踏的一種。

車前草的葉子雖然柔軟，但葉脈強韌，即使遭到踐踏也不容易斷裂。其莖部的外皮堅硬，內部呈現海綿狀，所以具有彈性以及韌性。車前草和其他雜草生長在同一個地方時，即使那個地方被人踐踏，車前草也能存活下來。

車前草的種子具有碰觸到水分時就會變得黏稠的特性，所以會黏在鞋底或汽車輪胎上被運送到其他地方。對車前草來說，被人踐踏不代表面臨窘境，反而是可喜可賀的事。

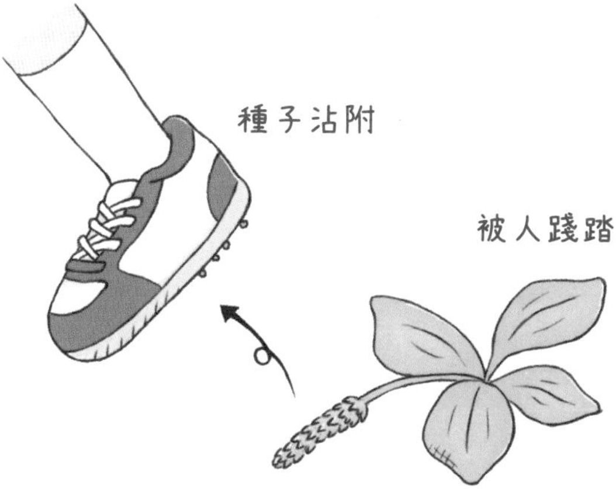
種子沾附
被人踐踏

沾到了……

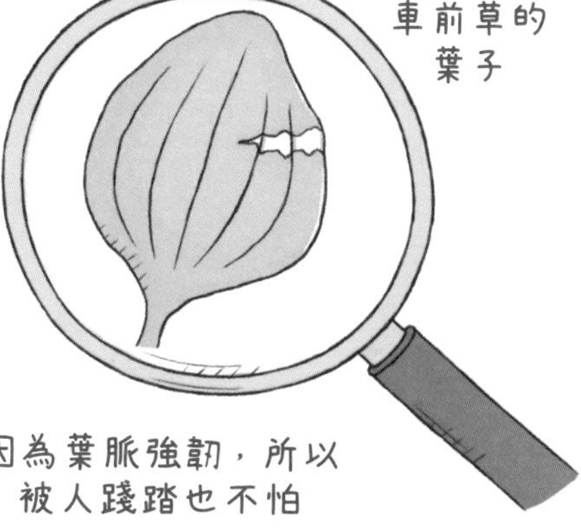
車前草的葉子
因為葉脈強韌，所以被人踐踏也不怕

英國因為小看了虎杖的威力，最後不得不進口虎杖的天敵

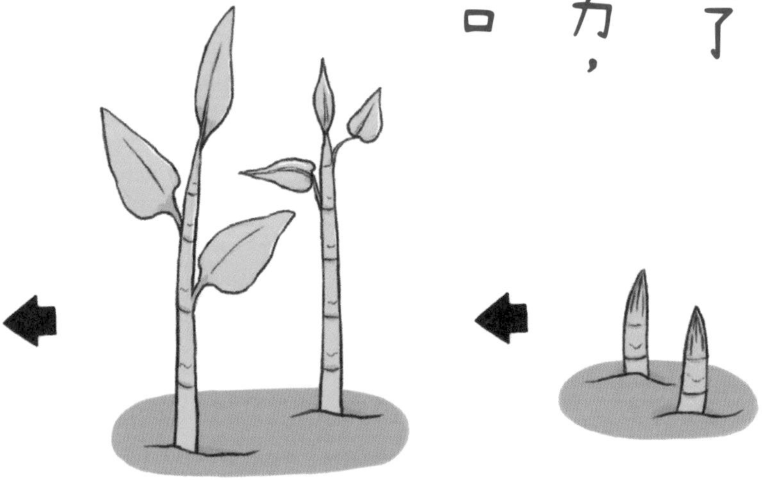

虎杖屬於蓼科的多年生草本植物，山地、草原或堤防等各個地方都可以發現群生的虎杖蹤影。虎杖在日本是常見的山菜，大家會把虎杖的嫩莖料理成金平虎杖*（註：金平是日本的一種料理方式。），或直接生吃新芽。

虎杖原產於東亞，19世紀時被引進歐美作為觀賞植物。虎杖是靠伸長地下莖來繁殖，當地下莖伸長到靠近地面時，就會鑽破水泥地面或柏油路面探出頭來。

尤其是在沒有虎杖天敵的英國，虎杖更是爆發性地蔓延繁殖，造成莫大的災害。日

冷知識　英國為了對抗虎杖，在 2010 年決議進口虎杖木蝨。

150cm
長得比太郎還高了呢，啾啾～

本則因為有虎杖的天敵「虎杖木蝨」，所以不會過度蔓延繁殖。

蓼科　堅韌度 3

分布地 原產於東亞，分布於全日本、台灣以及中國。歐洲和美國地區是以外來植物廣泛繁殖。

大小 草高約30cm～150cm

重點筆記 虎杖的根莖乾燥後可製成天然藥物，針對便祕、月經失調等症狀發揮藥效。

在日本如果種植劍葉金雞菊，可處300萬圓以下的罰款

劍葉金雞菊屬於菊科的多年生草本植物，會在5月到7月之間開出黃色花朵。日本在1880年代引進劍葉金雞菊作為觀賞用，因為其繁殖能力強，所以也一直被利用在綠化環境上。

不過，劍葉金雞菊的繁殖能力太強，有可能對原生種類帶來不良影響，因此日本在2006年將其列入特定外來物種的名單之中。在日本，目前原則上禁止栽種、販賣或搬動劍葉金雞菊，如果個人私自栽種劍葉金雞菊，將會被處以300萬圓以下的罰款或三年以下的有期徒刑。

冷知識　驅除劍葉金雞菊時，記得連根拔起並日曬2～3天後再丟棄。

劍葉金雞菊的花朵
要連根拔起喔，
啾啾～
驅除……
拔除後要等到乾枯
才能送去丟棄

特定外來物種

菊科 堅韌度 3

分布地 原產於北美，廣泛分布於日本、台灣、澳洲等地區。

大小 草高30cm～70m

重點筆記 日本以前會利用劍葉金雞菊來製作乾燥花。

蝴蝶花在陰暗處照樣可以生長，並且會阻礙其他植物生長

蝴蝶花的群落

「群落」是指在同一個地方生長的植物

鳶尾科

堅韌度 2

分布地 原產於中國，自古就被引進日本的外來植物。

大小 草高50cm～60m

重點筆記 日本的蝴蝶花雖然會開花，但不會結出種子。

冷知識 日本的蝴蝶花都是擁有相同基因的複製生物。

蝴蝶花屬於鳶尾科的多年生草本植物，群生於靠近民宅的森林四周較為潮溼的地區。4月到5月之間，蝴蝶花會開出長得像鳶尾的白色花朵。蝴蝶花原產於中國，但在很早以前就被帶進日本成為外來植物。

蝴蝶花的繁殖能力強，可以靠著地下莖以及攀附在地面的分枝（走莖）不斷蔓延。蝴蝶花在陰暗處也可以長得茁壯，若是在庭院裡種了蝴蝶花，有可能發生因為蝴蝶花不斷蔓延，使得其他植物無法生長的狀況。如果想要在院子裡種出種類豐富的植物，就要當心蝴蝶花。

蝴蝶花的花朵

這樣就形成陰暗處了
蝴蝶花很喜歡陰暗處喔，啾啾～

野葛明明可以做成好吃的和菓子，卻被視為可怕的「綠色怪物」

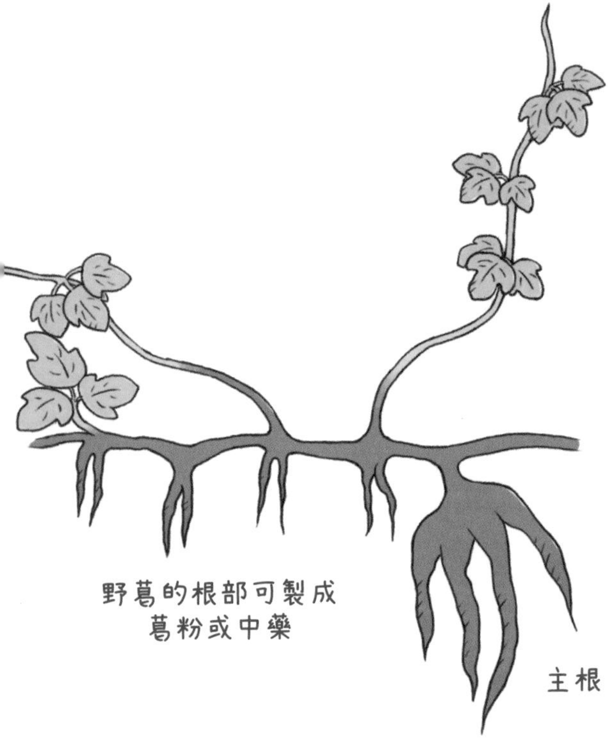
野葛的根部可製成葛粉或中藥
主根

野葛屬於具有蔓性的多年生草本植物，會攀附在其他樹木上往外蔓延，並且在8月到9月之間開出密集生長的紫色花朵。

野葛會在地下形成塊根，並且大範圍地往外擴展根部。野葛根部所含的澱粉會被製成「葛粉」來當成和菓子的材料，或在料理時用來勾芡。由於野葛的根部會長出新根，因此繁殖能力強，難以根絕。

1876年在費城舉辦世界博覽會時，日本館使用了野葛做裝飾，野葛因此首次被引進美國。不過，野葛在那之後過度擴散繁殖，帶來被冠上

冷知識　野葛的根部乾燥後可製成葛根，被利用為感冒藥「葛根湯」的藥材。

「綠色怪物」臭名的威脅，也被列入了「世界百大外來入侵種」的名單之中。

（*註：葛切是一種將葛粉製成麵條狀，再淋上黑糖蜜品嘗的日本傳統甜點。）

豆科 堅韌度 3

分布地 分布於暖溫帶地區。

大小 草高10cm以上

重點筆記 野葛以前作為植物纖維，被利用於製作衣服和壁紙。

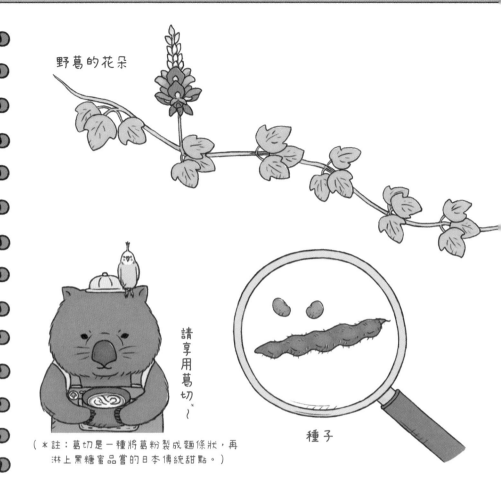

問荊 哪怕被拔除、被火燒或被噴灑除草劑，都可以活得好好的

木賊科

堅韌度 2

分布地 分布於全日本以及北半球的溫帶～寒帶地區。

大小 草高約20cm～40cm

重點筆記 問荊又稱杉菜，杉菜是日本俳句中代表春天的季語。

冷知識 乾燥過的問荊是一種天然藥物，有助於排尿以及化痰。

問荊屬於木賊科的蕨類植物，在山地、農田、堤防、路邊都可以看見群生的問荊。問荊會長出地下莖，地上則會長出營養莖與孢子莖，其營養莖稱為杉菜、孢子莖稱為筆頭菜。

筆頭菜會在早春時探出頭來，並在釋放出孢子後枯萎，在那之後接著會長出杉菜。筆頭菜是日本常見的春季山菜，一般會汆燙或做成醋漬料理來吃。杉菜部分也可以做成佃煮料理*來品嘗（註：佃煮是日本傳統家庭料理的烹調方式之一）。

問荊擁有非常強大的繁殖能力，即使砍除或燒除探出地面的部位，也會從地下莖再長出來。問荊也不怕除草劑，所以難以根絕。

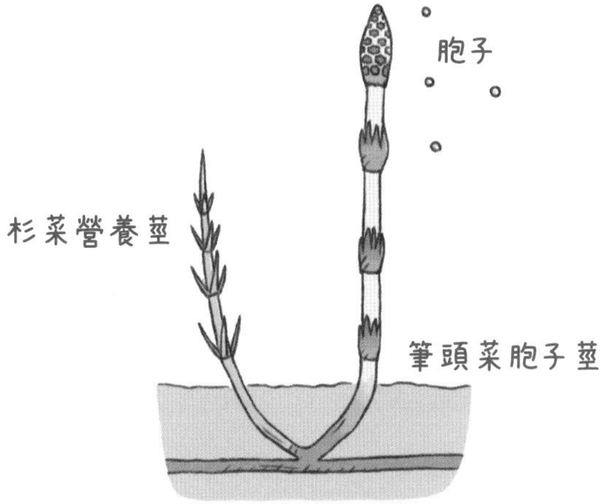

胞子放大圖

有些種類的小蓬草即使被噴灑除草劑，也不會枯萎

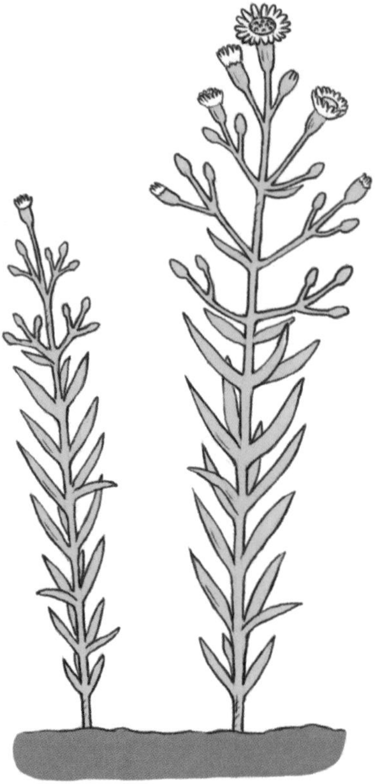

小蓬草的繁殖能力強，自生於路邊或荒地。小蓬草的葉子和莖部都長有細毛，會在夏天到秋天之間開出白色小花。

小蓬草屬於雜草，其特徵在於對除草劑具有強大的抗性。人們在1980年代發現具抗性小蓬草，這類小蓬草對強力除草劑「巴拉刈」具有強大的抗性，因此不斷擴散勢力範圍。小蓬草可說是一種完全發揮雜草精神不讓自己被逆境打敗的植物。

小蓬草是原產於北美洲的外來植物，在明治時代（1868年～1911年）

冷知識　據說在太平洋戰爭中以及戰後，日本人曾經把小蓬草料理成丸子或炸物來添飽肚子。

冬天

形成蓮座狀的葉子來過冬

葉子和莖部長有細毛

蓮座狀的葉子是指葉子在地面上平坦排列喔，啾啾～

被引進日本，並沿著鐵道繁殖蔓延，因此在日本也會被稱為御維新草、明治草、鐵道草。

菊科 堅韌度 3

分布地 原產於北美洲。

大小 草高約80cm～180cm

重點筆記 葉子和莖部沒有細毛的無毛假蓬草是小蓬草的姊妹種。

酢漿草明明是植物，

卻一點也不怕熱和乾燥

酢漿草科

堅韌度 2

分布地 全世界的耕地、草地、市區街道。

大小 草高10cm～30cm

重點筆記 家畜如果吃下大量的酢漿草，有可能因為酢漿草所含有的草酸鈣而中毒。

冷知識 酢漿草的葉子和莖部含有草酸鈣，咀嚼起來會有酸味。

酢漿草屬於多年生草本植物，經常可以在市區的石板路縫隙間看見其蹤影。5月到6月之間，酢漿草會開出直徑約8毫米的黃色花朵。

酢漿草的葉子呈現愛心狀，到了晚上會合起葉子，使三片葉子尖起的前端對齊在一起。酢漿草會像這樣開合三片葉子，所以也被稱為三葉酸。

酢漿草的花朵長得嬌小可愛，卻是繁殖能力極強的植物，酢漿草會在地下長出球根，並且會像白蘿蔔一樣向下紮根，同時也會往上長出莖部，也就是長出匍匐莖在地面上攀附蔓延。酢漿草不怕炎熱或乾燥，可以不斷擴散繁殖。酢漿草的超強繁殖能力可成為「家族昌盛」的象徵，所以經常被日本古代的武士家族採用為家徽圖案。

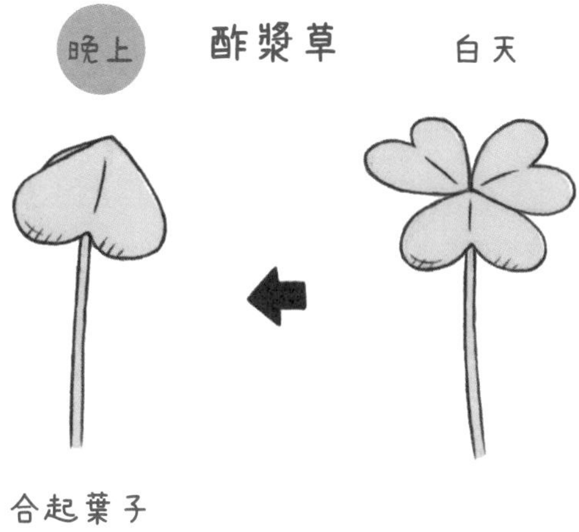

幸運草

雖然很像，但葉子形狀不一樣。酢漿草常常被誤認成幸運草。

哪一個才對呢？

影子猜猜看 ②

竹笙
（菌菇）

範本

猜猜看 A～～E 當中，
哪一個影子與範本相同？

A

B

C
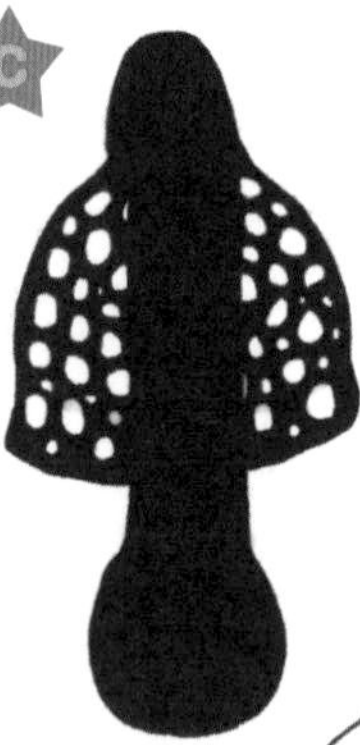

D
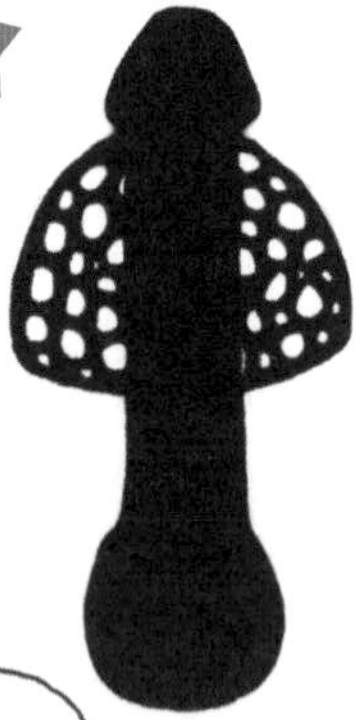

E
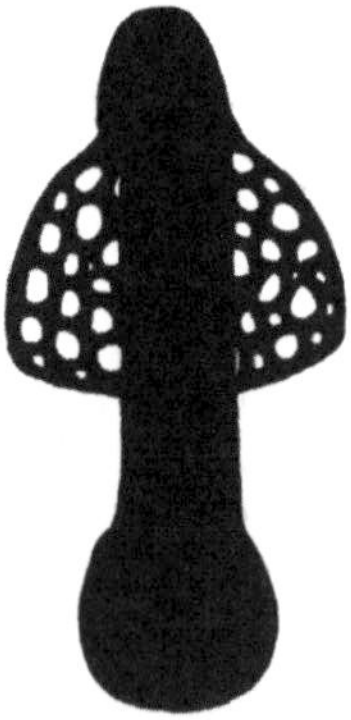

竹笙看起來像穿著晚禮服，所以被稱為「菇后」喔，啾啾~但很臭就是了……

答案：E

番外篇

不可思議的菌類

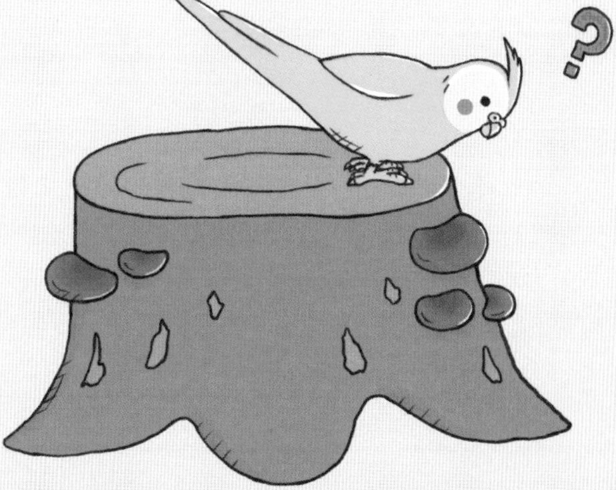

日本類臍菇會

利用發光的菌褶來吸引昆蟲，但發光的真正原因不明

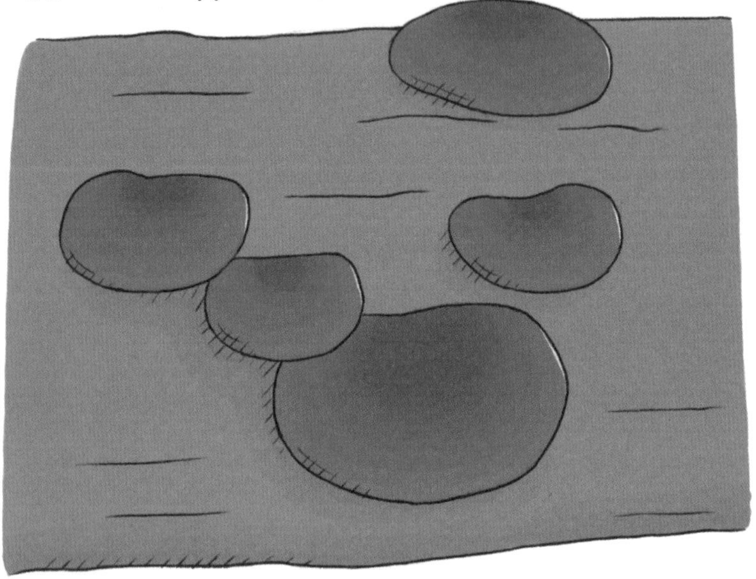

據說發光是為了吸引昆蟲聚集來幫忙散播孢子

小皮傘科　　奇特度 2

分布地 主要分布於日本，也分布於俄羅斯遠東地區以及中國東北部。

大小 菌傘寬度8cm～25cm

重點筆記 日本的菌菇中毒事件當中，以日本類臍菇中毒的事件最多。

冷知識　日本類臍菇會在夏季尾聲到秋季之間長出來，秀珍菇則會在秋季到春季之間長出來。

日本類臍菇屬於小皮傘科菌菇的一種，經常可以在日本的山毛櫸樹林裡看見其蹤影。在倒掉或被砍斷的山毛櫸上可以發現群生的日本類臍菇，日本類臍菇不論是形狀或顏色，都與香菇、秀珍菇等可食用菌菇長得十分相似。

不過，日本類臍菇含有毒性成分，如果不小心吃下肚將會引起腹瀉或嘔吐等中毒症狀，千萬要小心。

到了晚上時，日本類臍菇的菌褶會發出淡淡的光芒，所以在日本被稱為「月夜菇」。人們推測日本類臍菇是靠著發光吸引昆蟲聚集來幫忙散播孢子，但目前還不知道發光的真正原因。

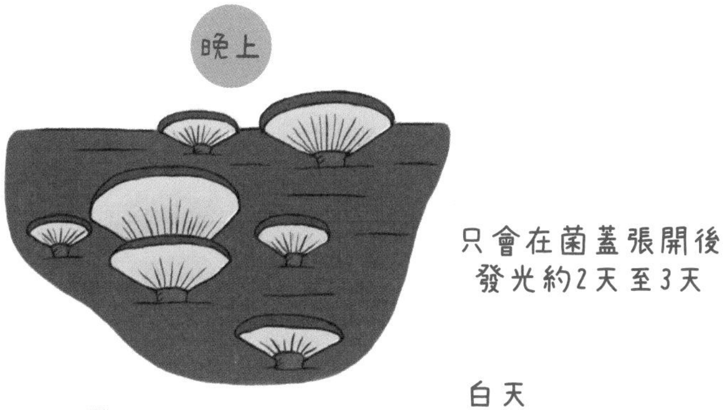

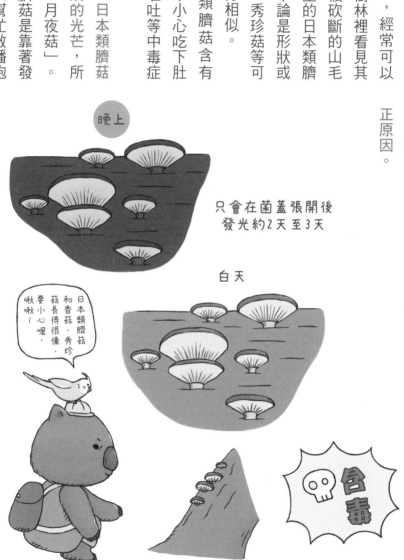

鹿花菌長得像腦髓，而且有毒

平盤菌科

奇特度 3

分布地 分布於北半球溫帶以北的地區。

大小 高度5cm～8cm

重點筆記 以鹿花菌三倍分量的滾水煮5分鐘後，倒掉滾水。清洗乾淨後再煮5分鐘即可去除毒性。

冷知識 雖然鹿花菌具有毒性，但在芬蘭被例外視為食用菌菇來販售。

鹿花菌屬於平盤菌科菌菇的一種，分布於北半球溫帶以北的地區。在日本，生長在北海道和本州的松樹、日本冷杉等針葉樹根部會長出鹿花菌。

鹿花菌的外表簡直就跟腦髓沒什麼兩樣，其表面帶有皺褶、凹凸不平，而且呈現紅褐色或黃褐色的色澤，可說相當怪異。

鹿花菌可供食用，但因為含有多量鹿花菌素等有毒成分，若沒有先處理過再食用，嚴重者有可能丟了性命。食用鹿花菌之前，必須以大量滾水多次燙煮，做好去毒處理。

在芬蘭販售的鹿花菌產品會貼上警語，而且是乾燥品。

阿切氏籠頭菌的

生長過程就像異形誕生，還會長出像章魚的觸角，並且發出惡臭

鬼筆科　　奇特度 3

分布地 原產於澳洲。

大小 高度10cm～20cm

重點筆記 菌菇不會進行光合作用，而是從其他植物或枯葉奪取養分來生長。

冷知識 呈現蛋形狀態時的阿切氏籠頭菌可食用。據說油炸後吃起來像魚肉。

阿切氏籠頭菌屬於鬼筆科菌菇的一種，並非植物。阿切氏籠頭菌有著看起來毒性猛烈的火紅色，外表長得跟「章魚的觸手」一模一樣。因為顏色和形狀都十分詭異，所以阿切氏籠頭菌在國外有時也會被稱為「惡魔手指」。而在日本，曾經發現過阿切氏籠頭菌的同類「粉托鬼筆」的蹤影。

阿切氏籠頭菌會像孵化一樣，從被稱為「Superumpent」的白色蛋形狀態發芽成長。那發芽的模樣像極了異形誕生。阿切氏籠頭菌成熟後，會散發出像肉類腐敗的臭味。發出臭味是為了吸引蒼蠅前來幫忙運送孢子。

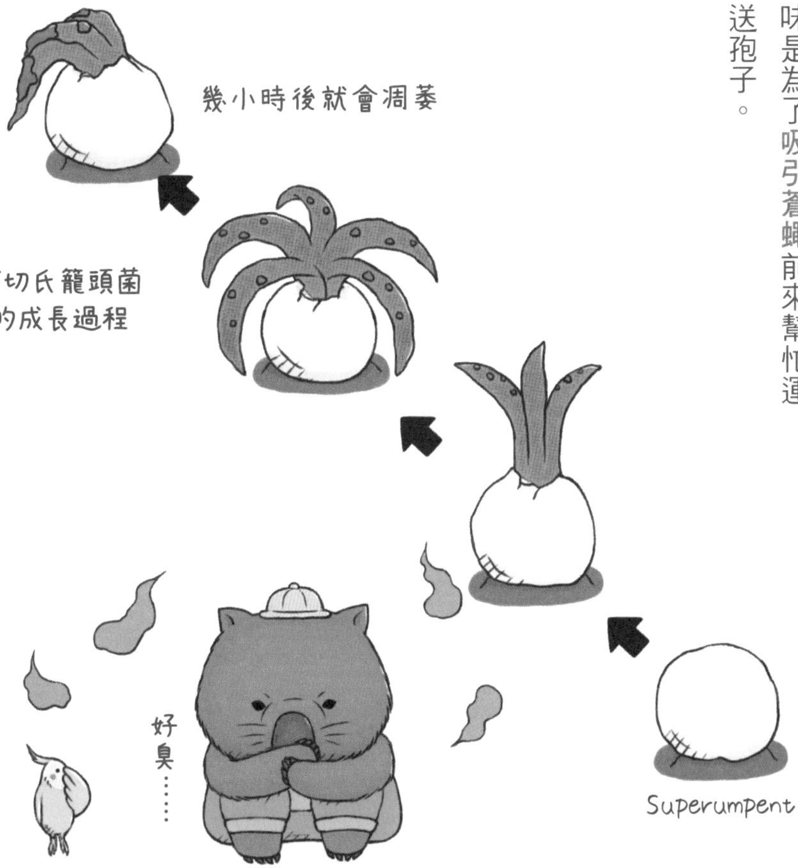
幾小時後就會凋萎
阿切氏籠頭菌的成長過程
好臭……
Superumpent

受到冬蟲夏草感染的昆蟲體內會長滿菌絲

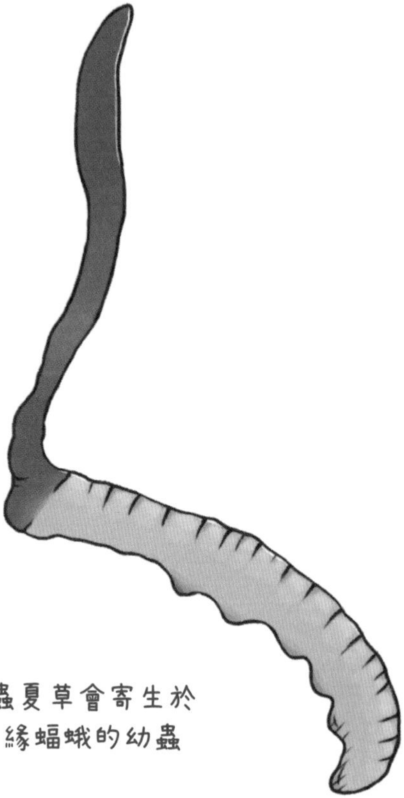

冬蟲夏草會寄生於淡緣蝠蛾的幼蟲

冬蟲夏草屬於菌菇的一種，並非植物。冬蟲夏草會寄生於棲息西藏等地方的淡緣大蝠蛾幼蟲身上。夏季時淡緣大蝠蛾會在地面產卵，蟲卵大約經過一個月孵化成幼蟲後，就會鑽進土裡。

這時，幼蟲如果受到冬蟲夏草的真菌感染，體內的真菌就會不斷增加。到了春天時，真菌就會開始長出菌絲，並在夏季從地面冒出頭來。從土裡挖出來時，會發現冬蟲夏草還保留著幼蟲的模樣，只不過內部已經長滿菌絲。好一個可怕的菌菇啊！

據說古時候，西藏人覺得

冷知識　日本的藥廠順利人工栽種出冬蟲夏草，並在熊本縣進行生產。

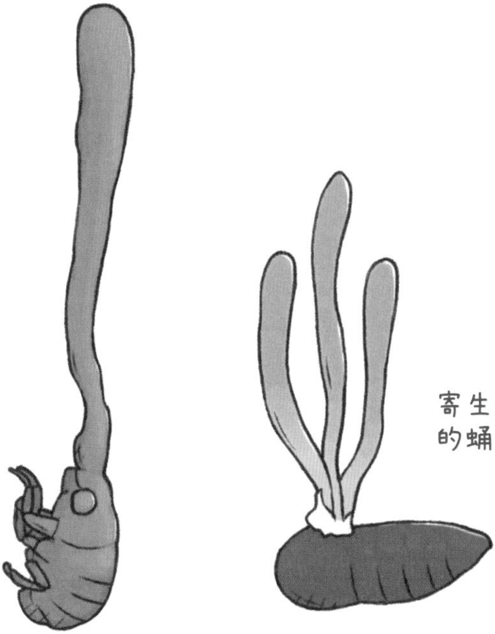
寄生於螻蛄的蟬花
寄生於各種蛾蛹的蛹蟲草

冬蟲夏草的同類還真多呢，啾啾～

這種菌菇「冬天是蟲，夏天是草」，才取了冬蟲夏草這個名字。冬蟲夏草在中國除了被當成食物之外，也被視為十分珍貴的中藥材。

線蟲草科　奇特度 3

分布地 分布於西藏、中國的青海省、四川省等地區。

大小 長度3cm～10cm

重點筆記 寄生於幼蟲的「蟬花」和「蛹蟲草」等菌菇有時也會被稱為冬蟲夏草。

結語

試著發揮最大的想像力，在紙上畫一隻怪模怪樣的怪物吧！
你所想像的怪物是什麼模樣呢？

好比說這樣的怪物如何？

有三顆眼睛？不不不，這隻怪物沒有眼睛。
尖銳的獠牙？不不不，這隻怪物沒有鼻子也沒有嘴巴。

沒有嘴巴要怎麼吃東西啊？
太奇妙了，這隻怪物會伸長觸手，
貪婪地吸取地底下的養分。

怪物會從小小的膠囊裡出現，自由自在地成長。
有些怪物甚至會長得比大樓更高大。

當中也有活了好幾千年的長壽怪物。
還有就算身體的一部分被切除，也能夠一再獲得重生的不死怪物。

如果世上有這樣的怪物，大家覺得如何呢？
事實上，大家身邊就存在著這些奇妙的怪物。
沒錯，這些怪物正是「植物」。

仔細想一想就會發現植物是多麼奇妙的生物。
而且，我們的地球上，
充滿著這些奇妙的怪物。
大家栽種的花花草草是植物，
大家吃的米飯和蔬菜也是植物。

好了，闔上書本後，
就準備踏上冒險旅程，
去探尋奇妙植物吧！
雖然這本書會在這裡落幕，
但大家的冒險之旅
才剛剛展開呢！

稻垣榮洋

等等我，啾啾～
踏上冒險之旅……

國家圖書館出版品預行編目資料

了不起的植物圖鑑：出乎預料！原來植物有祕密／
稻垣榮洋監修；石井英男著；下間文惠圖；林冠汾譯.
-- 初版. -- 臺中市：晨星，2022.11
面；公分. --（IQ UP；37）
譯自：ほんとうはびっくりな植物図鑑：ありふれた草花の秘密がおもしろい！
ISBN 978-626-320-262-7（平裝）
1.CST：植物學　2.CST：通俗作品
370　111015193

線上填回函，立即獲得晨星網路書店50元購書金。

IQ UP 37

了不起的植物圖鑑：
出乎預料！原來植物有祕密
ほんとうはびっくりな植物図鑑：ありふれた草花の秘密がおもしろい！

監修　稻 垣 榮 洋
作者　石 井 英 男
插畫　下 間 文 惠
譯者　林 冠 汾
企劃　陳 品 蓉
封面設計　高 鍾 琪
美術設計　張 蘊 方

創辦人　陳 銘 民
發行所　晨星出版有限公司
407 台中市西屯區工業 30 路 1 號 1 樓
TEL：04-23595820　FAX：04-23550581
行政院新聞局局版台業字第 2500 號
法律顧問　陳思成律師
初版　西元 2022 年 11 月 15 日

總經銷　知己圖書股份有限公司
106 台北市大安區辛亥路一段 30 號 9 樓
TEL：02-23672044 / 23672047　FAX：02-23635741
407 台中市西屯區工業 30 路 1 號 1 樓
TEL：04-23595819　FAX：04-23595493
E-mail：service@morningstar.com.tw
網路書店　http://www.morningstar.com.tw
訂購專線　02-23672044
郵政劃撥　15060393（知己圖書股份有限公司）

印刷　上好印刷股份有限公司

定價 280 元

（缺頁或破損，請寄回更換）
ISBN 978-626-320-262-7
HONTOWA BIKKURINA SHOKUBUTSU ZUKAN